园林绿化工程施工与养护研究

马宇翔　吴　昊　马旺彦　著

東北林業大學出版社
Northeast Forestry University Press
·哈尔滨·

图书在版编目（CIP）数据

园林绿化工程施工与养护研究 / 马宇翔，吴昊，马旺彦著. —哈尔滨：东北林业大学出版社，2024.1

ISBN 978-7-5674-3421-9

Ⅰ.①园…　Ⅱ.①马…②吴…③马…　Ⅲ.①园林-绿化-工程施工-研究②园林植物-园艺管理-研究　Ⅳ.①TU986.3②S688.05

中国国家版本馆CIP数据核字(2024)第021095号

责任编辑： 刘剑秋
封面设计： 文　亮
出版发行： 东北林业大学出版社
（哈尔滨市香坊区哈平六道街6号　邮编：150040）
印　　装： 河北创联印刷有限公司
开　　本： 787 mm×1092 mm　1/16
印　　张： 15.5
字　　数： 200千字
版　　次： 2024年1月第1版
印　　次： 2024年1月第1次印刷
书　　号： ISBN 978-7-5674-3421-9
定　　价： 85.00元

前　言

近年来，随着人们对城市绿地生态功能以及对改善环境作用认识的提高，园林绿化建设也随之蓬勃兴起。增加城市园林绿化建设投入，充分发挥绿地的生态效益，改善城市面貌和城市环境，进一步提高城市品位和投资环境，创建人与自然和谐共生的人居环境，已成为人们的共识和时代要求。

城市园林绿化建设不仅作为城市的基础设施，而且是城市生态建设的核心内容，是美化城市、改善环境、保护人居环境质量、实现城市可持续发展的重要途径和手段。高水平、高质量的园林绿化工程，既是改善生态环境和促进城市可持续发展的需要，又是人们追求良好、优美的生活环境的基础。而园林绿化工程施工与养护是发挥绿地多种效益、实现城市绿化建设作用和目的的基础前提和重要保证。

随着我国城市化进程的不断加快，园林绿化工程施工与养护管理也成了其中的关键内容，但是其涉及的内容比较复杂，需要通过多角度、多层次的研究与分析，才可以充分发挥其施工与养护管理的有效性，体现园林绿化工程的价值与作用。园林绿化工程是一门新兴的环境工程，其施工与养护管理工作比较复杂且系统性极强。目前我国的园林绿化工程施工和养护管理工作还存在一定的不足，应根据实际情况，采取有效措施，提升施工与养护管理工作的效率，提升植物的成活率，并确保其健康生长，从而为城市居民提供良好的休闲娱乐场所。

在撰写本书的过程中，作者参考借鉴了一些园林绿化方面相关的著作和文献，在此向这些著作文献的作者深表感谢。

由于作者水平有限，时间仓促，书中不足之处在所难免，恳请各位读者、专家不吝赐教。

作者

2023 年 6 月

目 录

第一章　园林构成要素和发展

第一节　园林构成要素

一、地形

地形是地貌的近义词，意思是地球表面三度空间的起伏变化。简而言之，地形就是地表的外观。从自然风景的范围来看，地形主要包括山谷、高山、丘陵、草原以及平原等复杂多样的类型，这些地表类型一般称为“大地形”。从园林的范围来讲，地形主要包含土丘、台地、斜坡、平地或因台阶和坡道所引起的水平面变化的地形，这类地形统称为“小地形”。起伏最小的地形称为“微地形”，它包括沙丘上的微弱起伏或波纹或是道路上的石头和石块的不同质地变化。总之，地形是指外部环境的地表因素。

在园林景观中，地形有很重要的意义，因为地形直接联系着众多的环境因素和环境外貌。此外，地形也能影响某一区域的美学特征，影响空间的构成和空间感受，同时影响景观、排水、小气候、土地的使用以及影响特定园址中的功能和作用。地形还对景观中其他自然设计要素如植物、铺地材料、水体和建筑等的作用和重要性起支配作用。所以，园林所有的构成要素和景观中的其他因素在某种程度上都依赖地形并与地面接触和联系。

因此，景观环境的地形变化意味着该地区的空间轮廓、外部形态以及其他处于该区域中的自然要素的功能的变化。地面的形状、坡度和方位都会与其相关的一切因素产生影响。

（一）地形的类型

对于园林的地形状态，由于涉及人们的观赏、游憩与活动，一般较为理想的比例是：陆地占全园的2/3~3/4，其中平地占1/2~2/3，丘陵地和山地占1/3~1/2。

园林中的陆地类型可分为平地、坡地、山地3类。

1. 平地

平地是指坡度比较平缓的地面，通常占陆地的1/2，坡度小于5%，适宜作为广场、草地、建筑等方面的用地，便于开展各类活动，有利于人流集散，方便游人游览休息，形成开朗的园林景观。平地在视觉上较为空旷、开阔，感觉平稳、安定，可以有微小的坡度或轻微的起伏。景观具有较强的视觉连续性，容易与水平造景协调一致，与竖向造型对比鲜明，使景物更加突出。

2. 坡地

坡地是倾斜的地面部分，可分为缓坡（8%~10%）、中坡（10%~20%）、陡坡（20%~40%），一般占陆地的1/3，坡度小于40%。坡地一般用作种植观赏、提供界面视线和视点，塑造多级平台、围合空间等。在园林绿地中，坡地常见的表现形式有土丘、丘陵、山峦和小山。

3. 山地

山地包括自然山地和人工的堆山叠石，一般占陆地的1/3，可以构成自然山水园的主景，起到组织空间，丰富园林观赏内容，改善小气候，点缀、装饰园林景色的作用。在造景艺术上，山地常作为主景、背景、障景、隔景等手法使用。山地分为土山、石山、土石山等，从地形在竖向上的起伏、塑造等景观表现可分为凸地形和凹地形两种：①凸地形视线开阔，具有延伸性，空间呈发散状。地形高处的景物通常突出、明显，又可组织成为造景之地，当高处的景物达到一定体量时还能产生一种控制感。②凹地形具有内向性，给人封闭感和隐秘不公开感，空间的制约程度取决于周围坡度的陡峭程度、高度以及空间的宽度。

（二）地形的功能与作用

1. 改变立面形象

山水园林在平地上应力求变化，通过适度的填挖形成微地形的高低起伏，使空间富于立体化而产生情趣，从而达到引起观赏者注意的目的。利用地形打造阶梯、台地也能起到同样的作用，并通过植物配合加以利用，如跌落景墙、高低错落的花台等，尤其在入口，地形高差的变化有助于界限感的产生。

2. 合理利用光线

正光下的景物缺乏变化而平淡，早晨的侧光会产生明显的立体感。海边光线柔和，使景物软化，有迷茫的意境；内陆的角度光线会使远物清晰易辨，富于雕塑感；光线由下向上照射，具戏剧效果，清晨、傍晚以及夜晚中的建筑、雕塑、广场等重点地段借此吸引人流。留出光线的廊道或有意塑造山坡山亭造成霞光、晨光等逆光效果，或假山、空洞的光孔利用，都将使得人们体会到不同寻常的园林艺术感受。

3. 创造心理气氛与美学功能

远古时代的人们居于山洞，捕捉走兽飞禽，采果伐木，都离不开依山傍水的环境。山承担着阳光雨露，风暴雷霆，供草木鸟兽生长，使人以之为生而不私有。因此，历代人士对山有很高的评价，有“仁者乐山”之说，将江山比作人仁德的化身，充满了对山的崇拜。尽管后世人们对山由崇拜转为了欣赏，但它带给人们的雄浑气势或质朴清秀仍一直是造园家所追求的目标。在城市里，从古代庭院内的假山到现代公园里常用的挖湖堆山，无不表明地形上的变化历来都对自然气氛的营造起着举足轻重的作用。因此，园林设计中，提倡追求自然，打破那种过于规整呆板的感觉。重点地方强调高低对比，尽量做好对微地形的处理。地形的起伏不仅丰富了园林景观，而且还创造了不同的视线条件，形成了不同的性格空间。

4. 合理安排与控制视线

杭州花港观鱼公园东北面的柳林草坪是经过细心规划设计而成的。它位于园中主干道和西里湖之间，南有茂密的树带，东西有分散的树丛，10多株柳树位于北面靠湖一侧，形成了50多亩（1亩≈667 m^2）地的独立空间。湖的北面视野开阔，左有刘庄建筑群，右边隔着苏堤上六桥杨柳隐约可见湖心的“三潭印月”，北面保淑塔立于重山之上，秋季红叶如火欲燃，夏日清风拂水徐来。所有这些景色由下而上地展示着景观序列。柳林草坪北低南高，向湖岸倾斜。“先掩后露”的运用，可将视线引导向某一特定点，影响可视景物和可见范围，形成连续的景观序列，完全封闭通向不雅景物的视线，影响观赏者和景物空间之间的高度和距离关系。

5. 改善游人感观

在大多数公园和花园里，草坪所代表的平地绿化空间所占面积最多，时刻对园林产生着影响。当然，我们也不能过分追求坡度变化，除了考虑工程的经济性外，一般 1% 的坡度已能够使人感觉到地面的倾斜，同时也可以满足排水的要求。如坡度达到 2%~3%，会给人以较为明显的印象。微地形处理，通常以 4%~7% 的坡度最为常见。南昌人民公园中部的松树草坪就是在高起的四周种植松树造成幽深的感觉。坡度为 8%~12% 时，称为缓坡。陡坡的坡度大于 12%，它一般是山体即将出现的前兆。坡地虽给人们活动带来一些不便，但若加以改造利用通常使地形富于变化。这种变化可以带来运动节奏的改变，如影响行人和车辆运行的方向、速度和节奏。人在起伏的坡地上高起的任何一端都能更方便地观赏坡底和对坡的景物。坡底因是两坡之间视线最为集中的地方，可以布置一些活动者希望引起注目的内容，如滑冰、健身、儿童游戏场地，易于家长看护。

6. 分隔空间

有效自然地划分空间，使之形成不同功能或景色特点的区域，获得空间大小对比的艺术效果，利用许多不同的方式创造和限制外部空间。

7. 美学功能

建筑、植物水体等景观通常都以地形作为依托。凸凹地形的坡面可作为景物的背景，通过视距的控制保证景物与地形之间具体良好的构图关系。山石和假山作为园林要素中的主要部分。中国的古典园林中，最具特色的苏州园林里就布置了不少的山石。山石的作用不仅是供游人观赏，也可具有一定的功能性。山石的外形设计，不是纯粹的造型设计，也可以适当地赋予一定的人文意义。比如，山石的雕塑，校园的设计中融入名人的雕塑或是具有抽象意义的石头雕塑。当然，除了独立的设置外，成群重叠的山石也是园林中的特色之一。

（三）地形塑造

地形的塑造是园林建设中最基本的一步，因为它在园林设计中的重要性，我们需要注意许多问题，并在设计中反复斟酌。

1. 地形的表现形式

地形的表现形式分为三种：①地形改造。地形改造应注意对原有地形的利用，改造后的地形条件要满足造景及各种活动和使用的需要，并形成良好的地表自然排水类型，避免过大的地表径流，地形改造应与园林总体布局同时进行。②地形、排水和坡面稳定。应注意考虑地形与排水的关系，以及地形和排水对坡面稳定性的影响。③坡度。坡度小于 1% 时容易积水，地表面不稳定，不太适合安排活动和使用的内容；坡度介于 1%~5% 的地形排水较理想，适合安排绝大多数的内容，特别是需要大面积平坦地的内容，不需要改造地形；坡度介于 5%~10% 的地形仅适用于安排用地范围不大的内容；坡度大于 10% 的地形只能局部小范围加以利用。

2. 地形地貌形式

高起地形：岭，连绵不断的群山；峰，高而尖的山头；峦，浑圆的山头；顶，高而平的山头；阜，起伏小但坡度缓的小山；坨，多指小山丘；埭，堵水的土堤；坂，较缓的土坡；麓，山根低矮部分；岗，山脊；峭壁，山体直立，陡如墙壁；悬崖，山顶悬于山脚之外。

低矮地形：峡，两座高山相夹的中间部分；峪或谷，两山之间的低处；壑，较谷更宽更低的低地；坝，两旁高地围起而很广阔的平缓凹地；坞，四周高中间低形成的小面积洼地。

凹入地形：岫，不通的浅穴；洞，有浅有深，穿通山腹。

3. 堆山法则

在园林造园中，堆山又称“掇山”“筑山”。掇山最根本的法则是“因地制宜，有假有真，做假成真”(《园冶》)。

第一，主客分明，遥相呼应。堆山不宜对称，主山不宜居中，平面上要做到缓急相济，给人以不同感受。北坡一般较陡，南坡有背风向阳的小气候，适于大面积展示植物景观和建筑色彩。立面上要有主峰、次峰和配峰的安排。一为主峰，二为次峰，三为配峰，三者切忌一字罗列，不能处在同一条直线上，也不要形成直角或等边三角形关系，要远近高低错落有致，顾盼呼应。正如北宋画家郭熙所说：“山，近看如此，远数里看又如此，远十数里看又如此，每远每异，所谓山形步步移也。山，正面如此，侧面又如此，背面又如此，每看每异，所谓山形面面看也。”

第二，山有“三远”。“自山下而仰山巅，谓之高远；自山前而窥山后，谓之深远；自近山而望远山，谓之平远”。(《林泉高致》）深远通常被认为是三远之中最难以做到的，它可以使山体丰厚幽深。为了达到预想效果而又不至于开挖堆砌太多的土方，常使山交形成幽谷或在主山前设置小山打造前后层次。

4. 山脊线的设置

山的组合可以很复杂，但要有一气呵成之感，不可使人觉得孤立零碎。山脉即使中断也要尽可能做到“形散而神不散”，脊线要“藕断丝连”，保持内在的联系。

从断面上看，山脚宜缓、稳定自然，山坡宜陡、险峻峭立，山顶宜缓、空阔开朗，山坡至山顶应有变化，同时注意利用有特点的地形地貌。

5. 山的高度掌握

山的高度要根据需要来确定。供人登临的山，要有高大感并利于远眺，应该高于平地树冠线，一般为 10~30 m。这种高度不至于使人产生“见林不见山”的感觉。当山的高度难以满足这一要求时，要尽可能不在山的欣赏面靠山的山脚处种植高大乔木，并应以低矮灌木为主，以便突出山的体量。同时，在山顶覆以茂密的高大乔木林，根部用小树掩盖，避免山的真实高度一目了然。横向上，要注意采用植矮树于山端等方法掩虚露实，起到强化作用。对仅仅起到分隔空间和障景作用的小土山，一般不被登临，高度在 1.5 m 以上能遮挡视线即可。建筑一般不宜建在山的最高点，会使得山体显得呆板，建筑也会失去山的陪衬。

（四）叠山置石

人工堆叠的山称为叠山，一般包括假山和置石两部分。假山以造景为目的，体量大且集中布置，效仿自然山水，可观可游，较置石复杂。叠山置石是东方园林独特的园艺技艺。

园林中置石，缘于古人出行不便而产生的“一拳代山”的念头，在厅堂院落中立以石峰了却心愿。置石常独立造景或作为配景。它体量小，表现个体美，以观赏为主。

置石可分孤置、散置、群置等形式。孤置主要作为特意的孤赏之用。散置和群置则要“攒三聚五”，相互保持联系。利用山石能与自然融合而又可由人随意安排的特点减少人工气氛。如墙角通常是两个人工面相交的地方，最感呆板，通过抱角、镶隅的遮挡不仅可以使墙面生动，也可将山石较为难看的两面加以屏蔽。还可以用山石如意踏垛（涩浪）作为建筑台阶，显得更为自然。明朝龚贤曾道：“石必一丛数块，大石间小石，然须联络。面宜一向，即不一向，亦宜大小顾盼。”

二、水体

从自然山水风景到人工造园，山水始终是景观表现的主要素材。园林中的理水和叠山一样，不是对自然风景的简单模仿，而是对自然风景做抒情写意的艺术再现，经过园林艺术加工而创造出不同的水体景观，予以不同情趣的感受。园林中的水体，多为天然水体略加人工改造或掘池而形成的。水是生命之源，是自然要素之一，也是植物的生命所系。水体也是人类赖以生存的重要资源。在园林的设计中，对水和水体的设计也可为园林添上点睛之笔，甚至以水系为园林设计的特色（如颐和园和许多苏州私家园林）。在自然界中，水有泉、池、溪、涧、潭、河、湖、海等形态，水有向低处流的特性，由于不同的边界、坡度、力的影响，水可以构成各种不同的形态。水的穿透性使得水可以形成各种形态的边界，水的无色可以使水透出各种不同的颜色，水的光阴变化之丰富可以使水与建筑完美的融合，水发出不同的声响也可成为园林的焦点之一。

在水和水体的设计过程中，除了它本身的形态样式之外，我们应该更加关注它与周围景观或者是人的紧密结合，可以适当地设置他们之间的互动项目。比如在湖中养鱼，可供游人喂食等。应该值得注意的是，水体不仅有利于环境的观赏性，有时也能给环境带来不少负面的影响。比如，过大面积的水体会招引蚊虫，如若是城市中的园林，则会给城市居民的生活环境带来一定的干扰。因此，园林的设计当中应该将环境保护措施列入其中。

（一）水体的作用

“目中有山，始可作树，意中有水，方许作山。”在规划设计地形景观时，山水应该同时考虑，山和水相依，彼此更可以表露出各自的特点。这是从园林艺术角度出发最直接的用意所在。

在炎热的夏季里通过水分蒸发可使空气湿润凉爽，水面低平可引清风吹到岸上，古人有“树下地常荫，水边风最凉”之说。水和其他要素配合，可以产生更为丰富的变化。园林中只要有水，就会显示出活泼的生气。宋朝朱熹曾概括道：“仁者安于义理，而厚重不迁，有似于山，故乐山。”“知者安于事理，而周流无滞，有似于水，故乐水。”山和水具体形态千变万化，“厚重不迁”（静）和“周流无滞”（动）是各自最基本的特征。因此，“非山之任水，不足以见乎周流，非水之任山，不足以见乎环抱”。可见，山水相依才能令地形变化动静相参、丰富完整。

（二）水体的特性

水是最有生命力的环境要素。它总给人们一种能够孕育生命的感觉，事实也是如此。水体是人类赖以生存的资源。它养育生物，滋养植被，降低温度，提高湿度，清洁物体……水具有可塑性、透明性、成像性、发声性。水至柔，水随性，水可静可动。水不像石材那样坚稳质硬，它没有形体，却能变幻出千姿百态。

在园林艺术造园中，做水面，风止时平和如镜，风起时波光粼粼；做流水，细小的涓涓不止，宽阔的波涛汹涌；做瀑布，落差大时气势磅礴，落差小的叠水，一波三折，委婉动人；做喷泉，纷纷跌落的“大珠小珠”演绎着声、光、影的精彩乐章。

古波斯高原用水造园，仿佛用水渠划分田垄，开始有了喷泉；印度把波斯水渠发展成为流水、叠水和倒影水池；西班牙、意大利淋漓尽致地发挥了水的可塑性，出现各式各样的喷泉、流水、叠水、瀑布、水域雕塑，几者结合相得益彰。静水池边洁白的女神石像，激流的海神铜像在西方园林中屡见不鲜，多数为庭院主景，为环境带来典雅和生气。

（三）水体的形态分类

1. 按水体的自然形式

按水体的自然形式，可分为带状水体和块状水体。带状水体：江河等平面上大型水体和溪涧等山间幽闭景观。前者多处在大型风景区中，后者与地形结合紧密，在园林中出现更为频繁。块状水体：大者如湖海，烟波浩渺，水天相接。园林里面将大湖常以“海”命名，如福海、北海等，以求得“纳千金之汪洋”的艺术效果。小者如池沼，适于山居茅舍，带给人以安宁静谧的气氛。在城市里，不可能将天然水系移到园林之中，需要我们对天然水体观察提炼，求得“神似”而非“形似”，以人工水面（如湖面）创造近似于自然水面的效果。

2. 按水体的景观表现形式

按水体的景观表现形式，可分为自然式水体和规则式水体。自然式水体有天然的或模仿天然形状的水体，常见的有天然形成的湖、溪、涧、泉、潭、池、江、海、瀑等，水体在园林中多随地形而变化。规则式水体有人工开凿成几何形状的水面，如运河、水渠、方潭、圆池、水井及几何形体的喷泉、叠瀑等。它们常与雕塑、山石、花坛等共同组景。

3. 按水体的使用功能

观赏的水体可以较小，主要是为构景使用。水面有波光倒影又能成为风景的透视线。水中的岛、桥及岸线也能自成景色。水能丰富景色的内容，提高观赏的兴趣。

开展水上活动的水体，一般需要有较大的水面、适当的水深、清洁的水质，水岸及岸边最好有一层沙土，岸坡要和缓。进行水上活动的水体，在园林里除了要符合这些活动的要求外，也要注意观赏的要求，使得活动与观赏能配合起来。

（四）驳岸与池体设计

驳岸的种类很多，可由土、草、石、沙、砖、混凝土等材料构成。草坡因有根系保护比土坡容易保持稳定。山石岸宜低不宜高，小水面湖岸宜曲不宜直，常在上部悬挑以水岫产生幽远的感觉。在石岸较长、人工味较浓的地方，可以种植灌木和藤木以减少暴露在外的面积。自然斜坡和阶梯式驳岸对水位变化有较强的适应性。两岸间的宽窄可以决定水流的速度，可形成湍急的溪流或平静的水面。

池底的设计常被人们忽略，但它与水接触的面积很大，对水的形态和惊人的景观效果有着重要影响。当用细腻光滑的材料做底面时，水流会很平静；换用粗糙的材料如卵石，就会引起水流的碰撞产生波浪和水声；当水底不平时会使水随地形起伏运动形成湍濑；池水深时，水色就暗淡，水面对景物的反射效果就越好。因此，人们为了加强反射效果，常将池壁和池底都漆成深蓝色或黑色。如果追求清澈见底的效果，则池水应浅。水池深浅还应由水生植物的不同要求来决定。

（五）水景观设计的基本形式

水景观有常见的 4 种基本设计形式：静水、落水、流水和喷水（喷泉）。园林中各种水体有不同的特点，需结合环境布置形成各种水的景观。

1. 静水

静水主要指自然界形成的静态水体（湖、塘）和水流缓慢的水体（江、河）以及各种人工水池。静态的水体能反映出倒影，粼粼的微波、潋滟的水光，给人以明快、清宁、开朗或幽深的感受。

静水一般有一定规模，在环境中常成为景观中心或视觉中心。静水的形状有两种：一种是自然形成的有机形；另一种是人工形成的，多采用几何形。由于静水一般水面较大，水面平稳很容易形成倒影，因此其位置、大小、形状的设计与它主要倒影的物体关系密切。

池岸的形式直接影响人与水体的关系。静水的池岸设计可分为亲水性和不亲水性。亲水性的池岸分为规则式和不规则式。规则式池岸一般设计成可供游人坐的亲水平台。平台离水面高度，以让人手触摸水为佳。不规则式池岸，可以辅以错落有致的石块、石板，如果水浅，还可以让孩子走入水中嬉戏。岸边石块可以供人就座抚水，拉近人与水的距离，也可以直接用草地、土地自然过渡，多见于旅游区或公园。

不亲水的池岸只用于水位涨幅变化较大的江河类水体。一般在水体边要设防洪堤或防御性堤岸，堤岸上临水设步道，用栏杆围成，可在较好的观景点设观景平台，眺向水面，让人感觉与水更亲近。

2. 流水

流水主要指自然溪流、河水和人工水渠、水道等。流水是一种以动态水流为观赏对象的水景。

关于水渠形状，西方园林多为直线或几何线形，东方园林则偏爱“曲水流觞”的蜿蜒之美。对于供人进入的流水，其水深应在 30 cm 以下，以防儿童溺水，并应在水底做防滑处理。对于溪底，可选用大卵石、砾石、水洗砾石、瓷砖或石料铺砌，以美化景观，也可在水面种植水生植物，如石菖蒲、玉婵花等缓解水势。

3. 落水

落水是指各种水平距离较短，用以观赏其由于较大的垂直落差引起效果的水体。常见的有瀑布、叠水、水帘、流水墙等，其中瀑布、叠水最为典型。

瀑布是一种较大型的落水水体。其声响和飞溅具有气势恢宏的效果。瀑布按其跌落方式可分为丝带式、幕布式、阶梯式、滑落式等。其中设主景石，如镜石、分流石、破浪石、承瀑石等。

水帘与瀑布的原理基本相同，但水帘后常设有洞穴，吸引游人探究，置身洞中，若隐若现，奥妙无穷。

叠水是一种高差较小的落水，常取流水的一段，设置几级台阶状落差，以水姿的变幻来造景。叠水的水声没有瀑布的水声大，水势也远不及瀑布，但其潺潺流水声更添幽远之意。

流水墙水势更缓，水沿墙体慢慢流下，柔性的水与坚硬的墙体相衬相映。水往下流，反射出粼粼光点。墙支撑着水，水装点着墙，别有情趣，特别适合公共室内空间，在夜晚灯光下，尤为迷人。

4. 喷水（喷泉）

喷水或喷泉是一种利用压力把水从低处打至高处再跌落下来形成景观的水体形式，是城市动态水景的重要组成部分，常与声、光效果配合，形式多样。

（六）水的几种造景手法

1. 基底作用

水面在整体空间具有面的感觉时，有衬托岸畔和水中景观的基底作用。

2. 系带作用

系带包括以下三种作用：①线型系带作用。水面具有将不同的园林空间、景点连接起来产生整体感的作用。②面型系带作用。水作为一种关联因素具有使散落的景点统一起来的作用。③水有将不同平面形状和大小的水面统一在一个整体之中的能力。

3. 焦点作用

常将水景安排在向心空间的焦点上、轴线的焦点上、空间的醒目处或视线容易集中的地方，使其突出并成为焦点。

4. 整体水环境设计

从整体水环境出发，将形与色、动与静、秩序与自由、限定和引导等水的特性充分发挥;能改善城市小气候，丰富城市街景和提供多种水景类型。

三、园林建筑

在园林风景中，既有使用功能，又能与环境组成景色，供观赏游览的各类建筑物或构筑物、园林装饰小品等，统称为园林建筑。真正意义上的园林建筑更多的是指亭、廊、桥、门、窗、景墙及其一些有功能用途的小型建筑。

（一）园林建筑的作用

1. 满足园林功能要求

园林是改善、美化人们生活环境的设施，也是供人们休息、游览和文化娱乐的场所，由于人们在园林中各种游憩、娱乐活动的需要，就要求在园林中设置有关的建筑。随着园林活动的内容日益丰富，园林现代化设施水平的提高以及园林类型的增加，势必在园林中出现多种多样的建筑类型，满足与日俱增的各种活动的需要。园林中不仅要有茶室、餐厅，还要有展览馆、演出厅以及体育建筑、科技建筑、各种活动中心等，以满足使用功能上的需要。

按使用功能，园林建筑设施可分为四大类:游憩设施——开展科普展览、文体游乐、游览观光；服务设施——餐饮、小卖部、宾馆；公用设施——路标、车场、照明、给排水、厕所；管理设施——门、围墙及其他。

2. 满足景观要求

第一，点景即点缀风景。园林建筑要与自然风景融汇结合，相生成景，建筑常成为园林景致的构图中心或主题。有的隐蔽在花丛、树木之中，成为宜于近观的局部小景；有的则耸立在高山之巅，成为全园主景，以控制全园景物的布局。因此，建筑在园林景观构图中，常具有“画龙点睛”的作用，以优美的园林建筑形象，为园林景观增色生辉。

第二，赏景即观赏风景。以建筑作为观赏园内或国外景物的场所，一幢单体建筑，通常为静观园景画面的一个欣赏点；而一组建筑常与游廊连接，通常成为动观园景全貌的一条观赏线。因此，建筑的朝向、门窗的位置和大小等都要考虑到赏景的要求，如视野范围、视线距离以及群体建筑布局中建筑与景物的围、透关系等。

第三，园林游览路线虽与园路的布局分不开，但比园路更能吸引游人，具有起承转合作用的通常是园林建筑。当人们视线触及优美的建筑形象时，游览路线就自然地顺视线而延伸，建筑常成为视线引导的主要目标。人们常说“步移景异”就是一种视线引导的表现。

第四，园林设计中空间组合和布局是重要内容，中国园林常以一系列空间变化起、结、开、合的巧妙安排，给人以艺术享受。以建筑构成的各种形状的庭院及游廊、花墙、园洞门等，恰是组织空间、划分空间的最好手段。

（二）园林建筑的特点

1. 布局

园林建筑布局上，要因地制宜。建筑规划选址除考虑功能要求外，要善于利用地形，结合自然环境，与山石、水体和植物互相配合，互相渗透。园林建筑应借助地形、环境的特点，与自然融为一体，建筑位置与朝向要与周围景物构成巧妙的借对关系。

2. 情景交融

园林建筑应情景结合，抒发情趣，尤其在古典园林建筑中，建筑常与诗、画结合。诗、画对园林意境的描绘加强了建筑的感染力，达到情景交融、触景生情的境界，这是园林建筑的意境所在。

3. 空间处理

在园林建筑空间处理上，尽量避免轴线对称、整形布局，而力求曲折变化、参差错落，空间布局要灵活，忌呆板，追求空间流动，虚实穿插，互相渗透。通过空间的划分，形成大小空间的对比，增加空间层次，扩大空间感。

4. 造型

园林建筑在造型上，更重视美观的要求，建筑体形、轮廓要有表现力，要能增加园林画面的美，建筑体量的大小，建筑体态轻巧或持重，都应与园林景观协调统一。建筑造型要表现园林特色、环境特色及地方特色。一般而言，园林建筑在造型上，体量宜轻巧，形式宜活泼，力求简洁、明快，在室内与室外的交融中，宜通透有度，既便于与自然环境浑然一体，又使功能与景观达到有机统一。

5. 装修

在细部装饰上，应有更精巧的装饰，既要增加建筑本身的美感，又要以装饰物来组织空间、组织画面，要通透且有层次，如常用的挂落、栏杆、漏窗、花格等，都是良好的装饰构件。

（三）园林建筑类型

从园林中所占面积来看，建筑无论是从比例上还是景观意义上是无法和山水、植物相提并论的。它之所以成为“点睛之笔”，能够吸引大量游人，就在于它具有其他元素无法取而代之，而且最适合人们活动和功能需求的内部空间，同时也是自然景色的必要补充。尤其在中国园林设计中，自然景观和人文景观相互依存、缺一不可，建筑便理所当然地成为后者的寄寓和前者的有力烘托。中国园林建筑形式多样，色彩别致，分隔灵活，内涵丰富，在世界上鲜有可比肩者。

园林建筑按照使用功能可分为：①游憩建筑。②科普展览建筑。科普展览建筑是供历史文物、文学艺术、摄影、科普、书画、金石、工艺美术、花鸟鱼虫等展览的设施。③文体娱乐建筑。文体娱乐建筑包括文体场地、露天剧场、游艺室、健身房等。

（四）游览观光建筑

游览观光建筑不仅为游人提供游览休息赏景的场所，而且本身也是景点或成景的构图中心。它包括亭、廊、榭、舫、厅、堂、楼、阁、斋、馆、轩、牌坊、牌楼等。

1. 亭

“亭者，停也。所以停憩游行也。”（《园冶》）亭是园林绿地中最常见的建筑形式，是游人休停之处，精巧别致，为多面观景点状小品建筑，外形多呈几何图形。

2. 廊

“廊者，庑出一步也，宜曲宜长则胜。”（《园冶》）廊除能遮阳避雨供坐憩外，还起着引导游览和组织空间的作用，做透景、隔景、框景、造景之用，使空间富于变化。

3. 榭

榭是指有平台高出水面观赏风景的园林建筑。榭是园林中游憩建筑之一，依借环境临水建榭，并有平台伸向水面，体型扁平。《园冶》谓：“榭者，藉也。藉景而成者也。或水边或花畔，制亦随态。”说明榭是一种借助于周围景色而见长的园林游憩建筑。其基本特点是临水，尤其着重于借取水面景色。在功能上除应满足游人休息的需要外，还有观景及点缀风景的作用。

4. 舫

舫立在水边不动，故又有“不系舟”之称，也称旱船。舫的立意是“湖中画舫”，运用联想手法，建于水中的船形建筑，让进入其内的游人犹如置身舟楫之中。舫的原意是船，一般指小船，这里指在园林湖泊的水边建造起来的一种船形园林建筑，供游人游赏、饮宴以及观景、点景之用。整个船体以水平线条为主，其平面分为前、中、尾三段，一般前舱较高，中舱较低，尾舱则多为两层楼，以便登高眺望。

5. 厅、堂

厅、堂是园林中的主要建筑。“堂者，当也。谓当正向阳之屋，以取堂堂高显之义”，厅也与之相似。厅、堂为高大宽敞向阳之屋，一般多为面阔三至五间，采用硬山或歇山屋盖。基本形式有两面开放，南北向的单一空间的厅；两面开放，两个空间的厅；四面开放的厅等。四面厅在园林中广泛运用，四周为画廊、长窗、隔扇，不设墙壁，可以坐于厅中，观看四面景色。

6. 楼、阁

楼、阁属于园林中的高层建筑，供登高远望、游憩赏景之用。一般认为，重屋为楼，重亭且可登上而且四面有墙有窗者为阁。楼一般多为两层，正面为长窗或地平窗，两侧砌山墙或开洞门，楼梯可放室内或由室外倚假山上二楼，造型多姿。现代园林中所见的楼阁多为茶室、餐厅、接待室之用。阁形与楼相似，造型较轻盈灵巧，重檐四面开窗，构造与亭相似。阁一般建于山上或水池、台之上。

7. 斋

“燕居之室曰斋”，意指凡是安静居住（燕居）的房屋就称为斋。古时的斋多指学舍书屋，专心攻读静修幽静之处，自成院落，与景区分隔成一封闭式景点。

8. 馆

古人曰，“馆，客舍也”，是接待宾客的房舍。凡成组的游宴场所、起居客舍、赏景的建筑物均可称馆，供游览、眺望、起居、宴饮之用。体量可大可小，布置大方随意，构造与厅、堂类同。

9. 轩

厅、堂前的出廊卷棚顶部分或殿堂的前檐称为轩。园林中的轩，高敞、安静。轩，其功能是为游人提供安静休息的场所，可布置在宽敞的地方供游宴之用。

10. 牌坊、牌楼

在华表柱（冲天柱）上加横梁（额枋），横梁之上不起楼（即不用斗拱及屋檐）即为牌坊。牌楼与牌坊相似，在横梁之上有斗拱屋檐或“挑起楼”，可用冲天柱制作。

（五）园林建筑小品

园林建筑小品一般体形小，数量多，分布广，具有较强的装饰性，对园林绿地景色影响很大，主要包括园椅、园凳、园桌、展览及宣传牌、景墙、景窗、门洞、栏杆、雕塑、花架等。

1. 园椅、园凳、园桌

园椅、园凳、园桌是供游人坐息、赏景之用的建筑小品。一般布置在环境安静、景色良好以及游人需要停留休息的地方。在满足美观和功能的前提下，注意结合花台、挡土墙、栏杆、山石等设置。注意与周围环境相协调，以点缀风景，增加景观欣赏性。

2. 展览牌、宣传牌

展览牌、宣传牌是进行科普宣传、政策教育的设施，具有利用率高、灵活多样、美化环境的优点。展览牌、宣传牌一般常设在园林绿地的广场边、道路交叉或对景处，可结合建筑、游廊、围墙、挡土墙等灵活布置。

3. 景墙

景墙有隔断、引导、衬景、装饰等作用。墙的形式很多，常与植物结合造景。

4. 景窗、门洞

具有特色的景窗、门洞，不仅有组织空间和采光等作用，而且还能为园林增添景色。园窗有空窗和漏花窗等类型，常在景墙上设计各种不同形状的窗框，用以组织园内外的框景。漏花窗类型很多，主要用于园景的装饰和漏景。园门有指示、引导和点景装饰的作用，通常给人以引人入胜、别有洞天的感觉。

5. 栏杆

栏杆主要起防护、分割和装饰美化的作用。栏杆一般不宜多设，也不宜过高，应将分割功能与装饰巧妙地结合起来使用。

6. 雕塑

园林雕塑有表现园林意境、点缀装饰风景、丰富游览内容的作用。雕塑大致可分为三类：纪念性雕塑、主题性雕塑、装饰性雕塑。现代环境中，雕塑逐渐被运用在园林绿地的各个领域中。

除以上游憩建筑小品外，园林中还有花池、树池、饮水池、花台、花架、瓶饰、果皮箱、纪念碑等。

（六）服务类建筑

园林中的服务类建筑包括餐厅、酒吧、茶室、接待室、小宾馆、小卖部、摄影部、售票房等。这类建筑虽然体量不大，但与人们密切相关，它们集使用功能与艺术造景于一体，在园林中起着重要的作用。

1. 饮食业建筑

饮食业建筑包括餐厅、食堂、酒吧、茶室、冷饮摊、小吃部等。这类设施近年来在风景区和公园内已逐渐成为一项重要的设施，对人流集散、功能要求、服务游客、建筑形象等有很重要的作用，既为游人提供饮食、休息的场所，也为赏景、会客等提供方便。

2. 商业性建筑

商业性建筑包括商店或小卖部、购物中心等。商业性建筑主要提供游客用的物品和糖果、香烟、水果、饼食、饮料、土特产、手工艺品等，同时还为游人创造一个休息、赏景之所。

3. 住宿建筑

住宿建筑包括招待所、宾馆等。规模较大的风景区或公园多设一个或多个接待室、招待所，甚至宾馆等，主要为游客提供住宿、休息和赏景之用。

4. 摄影部、售票房

摄影部、售票房主要是为了供应照相材料、制作照片、展售风景照片和为游客摄影，同时还可扩大宣传，起到一定的导游作用。售票房是公园大门或外广场的小型建筑，也可作为园内分区收票的集中点，常和亭廊组合一体，兼顾管理和游憩需要。

（七）公用类建筑

公用类建筑主要包括通信、导游牌、路标、停车场、存车处、供电及照明、供水及排水设施、供暖设施、标志物及果皮箱、饮水站、厕所等。

1. 导游牌、路标

在园林各路口设立标牌，协助游人顺利到达游览、观光地点，尤其在道路系统较复杂、景点丰富的大型园林中，还起到点景的作用。

2. 停车场、存车处

停车场或存车处是风景区和公园必不可少的设施，为了方便游人，常和大门入口结合在一起，但需专门设置，不可与门外广场并用。

3. 供电及照明

供电设施主要包括园路照明、造景照明、生活生产照明、生产用电、广播宣传用电、游乐设施用电等。园林照明除了创造一个明亮的园林环境，满足夜间游园活动、节日庆祝活动以及保卫工作等要求以外，更是创造现代化园林景观的手段之一。园灯是园林夜间照明设施，白天兼有装饰作用，因此要注意其艺术景观效果。

4. 供水及排水设施

园林中用水有生活用水、生产用水、养护用水、造景用水和消防用水。一般水源有引用原河湖的地表水，利用天然涌出的泉水，利用地下水，直接用城市自来水或设深井水泵吸水。消防用水为单独体系，不可混用，做到有备无患。园林造景用水可设循环水系设施，以节约用水。水池还可和园林绿化养护用水结合，做到一水多用。山地园和风景区应设分级扬水站和高位储水池，以便引水上山，均衡使用。园林绿地的排水，主要靠地面和明渠排水。为了防止地表冲刷，需注意固坡及护岸。

5. 厕所

园林厕所是维护环境卫生不可缺少的设施，既要有其功能特征，外形美观，又不能过于讲究，喧宾夺主。厕所要求有较好的通风、排污设备，应具有自动冲水和卫生用水设施。

（八）管理类建筑

管理类建筑主要指风景区、公园的管理设施以及方便职工的各种设施。

1. 大门、围墙

园林大门在园林中突出醒目，给游人第一印象。按各类园林不同，可分为柱墩式、牌坊式、屋宇式、门廊式、墙门式、门楼式以及其他形式的大门等。

2. 其他管理设施

其他管理设施是指办公室、广播站、宿舍、食堂、医疗卫生室、治安保卫处、温室大棚、变电室、垃圾污水处理场等。

四、主要园林建筑特征与设计

在我国古代，虽然园林作为居宅的延续部分，其中的建筑通常带有较强的实用功能，但由于园林是园主享受生活、再现理想山水自然的地方，所以其中建筑的布局摆脱了传统居住建筑的那种轴线对称、拘谨严肃的格局，造型更为丰富，组合十分灵活，布置也因地制宜而富于变化，从而形成了极具特色的风格。因此，在我们今天的公园绿地建设中，认真学习、继承和发扬其合理的内核是十分必要的。

（一）亭

1. 亭的特点

亭在我国园林中运用，至今已有 1 500 多年的悠久历史，其之所以能被长期运用，是因为具有更为突出的园林特色。亭是常见的遮阳避雨，供人休息、眺望的园林建筑。

第一，造型。在造型上，亭形态多样，轻巧活泼，易于结合各种园林环境，其特有的造型更增加了园林景致的画意。因而亭成为我国园林中点缀风景及景物构图的重要内容。

第二，体量。亭的体量、大小可因地制宜。亭在园林中既可作为园林主景，也可形成园林局部小品。如北京景山公园的五亭，气势雄伟，构成该园主景；而镇江金山公园扇面亭位于园中一隅，构成局部小景。又如北京颐和园的廓如亭，为八角形平面、三排柱的重檐亭，面积约 250 m^2，高约 20 m，与十七孔桥及龙王庙取得均衡，其体量之大是国内罕见的。而苏州怡园的螺髻亭，为一座六角形小亭，面积仅约 2.5 m^2，高仅 3.5 m，设置在小假山之巅，其体量虽小，却与所处的环境十分协调。因此，亭的体量、大小可因地制宜，适于各种造景之需。

第三，布局。亭在园林布局中，其位置的选择极为灵活，不受格局所限。亭可独立设置，也可与其他建筑物组成群体，结合巨石、大树等，得其天然之趣，充分利用各种奇特的地形基址创造出优美的园林意境。正是“花间隐榭，水际安亭，……惟榭只隐花间，亭胡拘水际，通泉竹里，按景山巅，或翠筠茂密之阿，苍松蟠郁之麓；或借濠濮之上……亭安有式，基立无凭”(《园冶》)。亭不仅适于城市园林，即使在自然的高山大川中，也能极尽其妙。如庐山的含鄱亭、岳麓山的爱晚亭、云南石林的望峰亭等，都达到了画龙点睛之妙。

山上建亭一般设在地势险要之处，如山顶、山脊、山腰等位置突出的地方或危岩巨石之上，山顶建亭可有效地控制、点缀风景；平地建亭位置多在交叉路口和路侧林荫之间；水面建亭宜尽量贴近水面，与水面环境融为一体。

第四，装饰。亭在装饰上繁简皆宜，可以精雕细琢，构成花团锦簇之亭，也可不施任何装饰，构成简洁质朴之亭。如北京中山公园的“松柏交翠”亭，斗拱彩画全身装饰，可谓富丽堂皇也；而成都杜甫草堂中的几个茅草亭则朴素大方，别具一格。近年来，新建有钢筋混凝土亭，外形仿自然树皮、竹皮等，更具有淡雅之调，故在亭的装饰风格上，可谓“淡妆浓抹总相宜”。

第五，功能。①休息：可防日晒、避雨淋、消暑纳凉，是城市中游人休息之处。②赏景：作为城市中凭眺、畅览城市景色的赏景点。③点景：亭为城市景物之一，其位置体量、色彩等应因地制宜，表达出各种城市景观的情趣，成为城市景观构图中心。④专用：作为特定目的使用，如纪念亭、碑亭、井亭、鼓乐亭以及售票亭、小卖亭、摄影亭等。

2. 传统亭的类型与形式

亭的造型主要取决于平面形状、屋顶的形式及体形比例。由于亭的平面形状极为多样，并且不论是单体亭或是组合亭，其平面构图完整，加上屋顶形式多样，色彩丰富，构成了绚丽多彩的体态。此外，精美的装饰和细部处理，使亭的造型尽善尽美。

从亭的平面形态上可分为圆形、长方形、三角形、四角形、六角形、八角形、扇形等。从亭顶形式可分为单檐、重檐、三重檐、攒尖顶、平顶、悬山顶、硬山顶、歇山顶、单坡顶、卷棚顶、褶板顶等。从亭的位置上可分为山亭、半山亭、桥亭、水亭、半亭、廊亭等。

（1）亭的平立面形式

正多边形尤以正方形平面为几何形中最规整、严谨，轴线布局明确的图形。常见多为三、四、五、六、八角形亭。平面长阔比为 1 ： 1，面阔一般为 3~4 m。两个正方形可组成菱形。

长方形平面长阔比多接近黄金分割，由于亭同殿、阁、厅堂不同，其体量小巧，常可见其全貌，比例若过于狭长就不具有美感的基本条件了。另外，还包括半亭、曲边形（仿生形）亭、多功能复合式亭（双亭、组亭）。

（2）亭柱形式

亭柱形式的亭有单柱伞亭、双柱半亭、三柱角亭、四柱方亭、长方亭、五柱圆亭、梅花五瓣亭、六柱重檐亭、六角亭、八柱八角亭、十二柱方亭、十二月亭、十二时辰亭、十六柱文亭、重檐亭等。

（3）亭的材料形式

材料形式的亭有地方材料的木、竹、石、茅草亭，混合材料的复合亭、轻钢亭，钢筋混凝土亭的仿传统、仿竹、仿树皮、仿茅草亭，特种材料的塑料树脂、玻璃钢、薄壳充气软结构、波折板、网架亭等。

（4）亭的功能形式

亭的功能形式有休憩遮阳避雨的传统亭、现代亭，观赏游览的传统亭、现代亭，纪念、文物古迹的纪念亭、碑亭，交通、集散组织人流的站亭、路亭，倚水的廊亭、桥亭，倚水的楼台、水亭，综合多功能的组合亭等。

（二）传统廊的设计

廊是亭的延伸，是联系风景建筑的纽带，随山就势，曲折迂回，逶迤蜿蜒。廊既能起到视觉多变的引导作用，又可组织空间，创造透景、隔景、框景、造景，并可划分景区空间，丰富空间层次，增加景深，是中国园林建筑群体中的重要组成部分。

廊在传统园林中被广泛地应用，它是建筑与建筑之间的连接通道，以“间”为单元组合而成，又能结合环境布置平面。

1. 廊在园林中的作用

廊在园林中有四大作用：①串联建筑、遮风避雨。廊具有遮风避雨、交通联系的功能。它可将园林各景区、景点连接成一个有序的整体，亦可联系单体建筑组成有机群体，且主次分明，错落有致。②组织空间。廊可用于划分并围合空间，既可将单一的空间分隔成几个局部空间，又能互相渗透，丰富空间景观的变化，形成围透结合的景观效果。③组廊成景。廊的平面能自由组合，本身通透开敞与自然环境空间结合，组成完整独立的景观效果。④展览作用。廊具有系列长度的特点，能适合一些展出的要求，如金鱼廊、书画廊、花卉廊等。

2. 廊的形式

廊的形式分为四类：①依据廊的使用位置分为平地廊、爬山廊、沿墙走廊、水走廊、桥廊等。②依据廊的结构形式分为空廊、半廊、柱廊、复廊等。③依据廊的平面形式分为直廊、曲廊、回廊等。④依据廊的功能分为休息廊、展览廊、候车廊、分隔空间廊等。

3. 廊的设计要点

廊的布置“今予所构曲廊，之字曲者，随形而弯，依势而曲。或蟠山腰，或穷水际，通花渡壑，蜿蜒无尽……”（《园冶》）。廊的设计分为五点：①平地建廊常沿界墙和附属建筑物布置。②视野开阔地可用廊来围合、组织空间。③山地建廊，供游人登山观景和联系不同高度建筑物。④水边建廊，廊基宜紧贴水面，尽量与水接近。⑤内部空间是造景的重要内容。为了避免空间的单调，使其产生层次变化，可以通过廊的形式，在廊的适当位置做隔断，可以增加曲折空间的层次及深远感。在廊内设置园门、景窗也可达到同样效果。

（三）园林建筑小品

1. 园林建筑小品的设计

园林建筑小品包括园椅、园凳、园桌、景墙、景窗、门洞、栏杆、花格、雕塑等。园林构筑物与园林建筑物的区别在于前者很小或不能称其为建筑物。构筑物虽然很小，但对园林的地形构成至关重要，园林基地通过它们形成台地、坡地等有一定秩序的有美感的地形。构筑物与植物结合使用创造景观，同时帮助围合园林空间。

西方古典园林构筑物显得很精美，也很严肃。现代园林中的台阶很精细，但很自由，顺坡而下，形式富于变化，既是阶也是凳。西方古典园林常以黑、墨绿色的精美图案的铁花制作大门和围墙，带给园林以艺术气息。现代园林使用机械设备设计铁的构筑物，使用的不锈钢、电镀、油漆的颜色也像时装那样富于变化。

中国园林中的构筑物与建筑物紧密配合使用，其中最常用、最著名的是围墙，许多围墙并没有维护作用，可以很矮、很轻巧，它们主要起划分空间的作用，墙上有许多设计精巧的门洞、镂花窗，墙头有覆瓦，形式各异，极具观赏性。

2. 园门和园窗

园林意境的空间构思与创造，通过它们作为空间分隔、穿插、渗透、陪衬来增加景深变化，扩大空间，小中见大，并巧妙地作为取景的画框；随步移景，不断地框取一幅园景，遮移视线，又成为情趣横溢的造园障景。

第一，园灯。门作为一种入口标志，给人以“进入”的感受。在每个性质不同的空间交界处一般都要设置门，门有牌坊式、垂花式、屋宇式、门洞式等。中国对门尤为重视，设计时需根据功能要求、景园特色统一考虑。园门的主要形式：①几何形，如圆形、横长方、直长方、多角形、复合形等。②仿生形，如海棠形，桃、李、石榴水果形，葫芦，汉瓶，如意等。

第二，景窗。景窗是以自然形体为图案的漏窗。古典式景窗可以鸟兽花卉为题材，以木片竹筋为骨材、用灰浆麻丝逐层裹塑而成；现代景窗，亦可用人物、故事、戏剧、小说为题材，并多用扁铁、金属、有机玻璃、水泥等材料组合而成。景窗的内容与表现形式：①空窗。不装窗扇和漏花的空洞，常作为景框，与墙后面的石峰、竹丛等形成框景，可起到增加景深和扩大空间的作用。②漏窗。漏窗是指在窗洞中设有能使光线通透的分格，通过漏窗看景物，可获得美妙的景观效果。漏窗又分为格子的花纹式和图案的主题式。

3. 园林栏杆

栏杆一般依附于建筑物，而园林栏杆则更多为独立设置，除具有围护功能外，还出于园林景观的需要，以栏杆点缀装饰园林环境，以其简洁、明快的造型，丰富园林景致。栏杆形式又分为三大类：①高栏杆，用于园林边界，高 1.5 m 以上。常以砖石、金属、钢筋混凝土为材料。②中栏杆，用于分区边界及危险处、水边、山崖边，高 0.8~1.2 m。常用材料为金属、石、砖。③低栏杆，用于绿地边，高 0.4 m 以下。常用材料为金属、竹木、石、预制混凝土、塑钢等。

园林栏杆是构成园林空间的要素之一。因此，园林栏杆具有分隔园林空间、组织疏导人流及划分活动范围的作用。园林栏杆多用于开敞性空间的分隔，在开阔的大空间中，给人以空旷之感。若设置栏杆，人们凭栏赏景，则能获得大空间中的亲切感。园林中各种活动范围，不同的分区，常以栏杆为界。

园林栏杆还可以有为游人提供就座休憩之所，尤其在风景优美又最可赏之地设以栏杆代替座凳，既有围护作用，又可就座赏景。

设计要点分为三点：①位置选择，园林栏杆的设置位置与其功能有关。一般而言，主要功能作为围护的栏杆常设在地貌、地形变化之处，交通危险的地段，人流集散的分界，如崖旁、岸边、桥梁、码头、台地、道路等的周边；而主要作为分隔空间的栏杆，常设在活动分区的周边、绿地周围等；在花坛、草地、树林地的周围，常设以装饰性很强的花边栏杆，以点缀环境。②美观要求，栏杆是装饰性很强的建筑装饰小品之一，不论是在建筑物上或园林中的栏杆，都要强调其美观上的作用。园林栏杆的美观，表现在它与园林环境的协调统一以及完美的造型。不同类型的园林、不同的环境需要不同形式的栏杆与其相协调，以栏杆优美造型来衬托环境，加强气氛，加强景致的表现力，如颐和园为皇家古典园林，采用石望柱栏杆，其持重的体量、粗壮的构件，营造稳重、端庄的气氛，而自然风景区常用自然材料，少留人工痕迹，以使其与自然浑然一体，造型上亦力求简洁、明朗，与环境一致。栏杆造型虽以简洁为雅，切忌烦琐，但其简繁、轻重、曲直、实透等的选择，均应与园林环境协调统一。栏杆的花格纹样应新颖，并应具有民族特色，色彩一般宜轻松、明快。③尺度要求，园林中不同类型的栏杆，其高度尺寸有所区别，才能满足不同功能的要求。作为围护栏杆，一般高度为900~1 200 mm。当有特殊要求时，栏杆高度按需增高，如动物园的兽舍栏杆。一般作为分隔空间用的低栏杆高度为600~800 mm。园林建筑中常设有靠背栏杆，既做围护，又供就座休息，其高度一般为900 mm左右，其中座椅高度为420~450 mm。同时，兼有围护及就座休息功能的座凳栏杆，其高度为400~450 mm。

园林的草坪、花坛、树林地等周边常设置镶边栏杆，其高度为200~400 mm，按所处环境可略加增减。

4. 花架与棚架

花架是建筑与植物结合的造景物，是园林绿地中以植物材料为顶的廊，它既具有廊的功能，又比廊更接近自然，与自然环境易于协调，融合于环境之中，其布局灵活多样，尽可能由所配置植物的特点来构思花架。花架的形状有条形、圆形、转角形、多边形、弧形、复柱形等。

花架的形式通常有单片式花架、独立式花架、直廊式花架和组合式花架。①单片式花架：一般高度可随植物高低而定，建在庭园或天台花园上为攀缘植物支架，可制成预制单元，任意拼装。②独立式花架：由于形体、构图集中，最适于做景物设置或在视线交点处布置，植物攀缘不宜过多，只做装饰与陪衬，更重于表现花架的造型。③直廊式花架：其形体及构造与一般廊相似，只是不需屋面板，是最常见的形式，造型上更注重顶架的变化，有平架、球面架、拱形架、坡屋架、折形架等。④组合式花架：花架可与亭廊等有顶建筑组合以丰富造型，并为雨天使用提供活动场所。

花架设计又分为四个要点：①花架与植物搭配，花架要与可用植物材料相适应，配合植株的大小、高低、轻重及与枝干的疏密来选择格栅的宽窄粗细，还要与结构的合理、造型的美观要求统一。种植池有的放在架内，也有的常放在架外，有的种植在地面，也有可能高置。②花架尺度与空间，花架尺度要与所在空间与观赏距离相适应，每个单元之间的大小又要与总体量配合，长而大的花架开间要大些，临近高大建筑的花架也要高些。③花架造型，花架样式要与环境建筑协调，如西方柱式建筑，花架也可用柱式造型。中国坡顶建筑，花架也可配以起脊的椽条。新建的园林花架可设计新颖的造型更增添景观效果。④花架应适于近观需要，花架常为植物所覆盖，因此远观的轮廓倒不是很重要，而近视露出部分花纹，因而要注重质感。如上面椽头探出部分端部处理应有统一轻巧的造型。下面柱子和座凳材料的质感与形式要配合恰当。为了结构稳定及形式美观，柱间要考虑设花格与挂落等装饰，同时也能有助于植物的攀缘。另外，还可以在格栅上做些空中栽植池便于垂盆植物种植。

5. 园椅

第一，功能。人们在园林中休憩歇坐，促膝长谈，无不以园椅相伴，因此园椅首要的功能是供游人就座休息、欣赏周围景物的。在景色秀丽的湖滨，在高山之巅，在花间林下，设置园椅，可供人们欣赏湖光山色，品赏奇花异卉，尤其在街头绿地、小型游园，人们需更长时间的就座休息，因此园椅是不可缺少的设施。但在园林中，园椅不仅作为休息、赏景的设施，而且可以作为园林装饰小品，以其优美精巧的造型，点缀园林环境，成为园林景物之一。在园林中恰当地设置园椅，将会加深园林意境的表现，如在苍松古槐之下，设以自然山石的桌椅，使环境更为幽雅古朴。在园林广场一侧、花坛四周，设数把条形长椅，众人相聚，欢乐气氛油然而生。在园林中的大片自然林地，有时给人以荒漠之感，倘若在林间树下，置以适当的园椅，则给人亲切之感。人迹所至给大自然增添生活的情趣，所以小小园椅可衬托园林气氛，加深表现园林意境。

第二，位置选择。①结合游人体力，按一定行程距离或一定高程，在需要休息的地段设置休息椅。②根据园林景致布局需要，设置园椅点缀园林环境，增加情趣。③考虑地区气候特色及不同季节的需要。④考虑游人心理，不同年龄、性别、职业以及不同爱好的游人。

第三，布置方式。设在道路旁边的园椅，应退到人流路线以外，以免人流干扰，妨碍交通；小广场，因有园路穿越，宜用周边式布置园椅，更有效地利用并形成良好的休息空间，同时利于形成空间构图中心；结合建筑物设置园椅时，应与建筑使用功能相协调，并衬托、点缀室外空间；应充分利用环境特点，结合草坪、山石、树木、花坛布置，以取得具有园林特色的效果。

第四，园椅、桌的尺寸要求。一是园椅尺寸。一般坐板高度为350~450 mm，椅面深度为400~600 mm，靠背与坐板夹角为98°~105°，靠背高度为350~650 mm，座位宽度为600~700 mm/人。二是桌尺寸。一般桌面高度为700~800 mm，桌面宽度为700~800 mm（四人方桌）。

第五，其他要求。椅面形状亦应考虑就座时的舒适感，应有一定曲线。椅面宜光滑、不存水。选材要考虑容易清洁，表面光滑，导热性好等，椅前方落脚的地面应置踏板，以防地面被踩踏成坑而积水，不便落座。

6. 园灯

园灯既有照明又有点缀装饰园林环境的功能，因此既要保证晚间游览活动的照明需要，又要以其美观的造型装饰环境，为园林景色增添生气。

绚丽明亮的灯光，可使园林环境气氛更为热烈、生动、欣欣向荣、富有生机。柔和、轻松的灯光会使园林环境更加宁静、舒适、亲切宜人。因此，灯光将衬托各种园林气氛，使园林意境更富有诗意。

园灯造型要精美，要与环境相协调，要结合环境的主题，赋予一定的寓意，成为富有情趣的园林建筑小品。如农展馆庭院中设麦穗形园灯象征丰收的景象；而水罐形园灯设在草地的一角，可引起人们对绿草、鲜花的喜爱；树皮式雕塑的园灯立于密林之中，人工与自然连成一体，相得益彰，别具风韵。

设计要点如下：①位置选择。一般设在园林绿地的出入口广场，交通要道、园路两侧，交叉口、台阶、桥梁、建筑物周围，水景喷泉、雕塑、花坛、草坪边缘等。②环境与照度的要求。应保证有恰当的照度。据园林环境地段的不同有不同的照度要求，如出入口广场等人流集散处，要求有充分足够的照度；而在安静的散步小路则只要求一般照度即可。整个园林在灯光照明上，需统一布局，以构成园林中的灯光照度既均匀又有起伏，具有明暗节奏的艺术效果，但也要防止出现不适当的阴暗角落。③灯柱高度的选择。保证有均匀的照度，首先灯具布置的位置要均匀，距离要合理；其次，灯柱的高度要恰当。园灯设置的高度与用途有关，一般园灯高度为8 m左右，而大量人流活动的空间，园灯高度一般为4~6 m，而用于配景的灯，其高度应视情况而定，有1~2 m高的，甚至数十厘米高的不等，而且灯柱的高度与灯柱间的水平距离比值要恰当，才能形成均匀的照度，一般园林中采用的比值为灯柱高度：水平距离 =1/20~1/12。④避免刺目眩光。产生眩光的原因，其一是光源位于人眼水平线上、下 30° 视角内；其二是直接光源易于产生眩光。避免眩光的措施：确定恰当的高度，使发光源置于产生眩光的范围外或将直接发光源换成散射光源，如加乳白灯罩等。

7. 展览栏与标牌

第一，功能。一是宣传教育作用。园林中展览栏作为宣传教育设施之一，形式活泼，展出内容广泛，有科技、文化艺术、国家时事政策，既为宣传政策教育，又增长知识，因此深受群众喜爱。二是导游作用。在园林各路口设立标牌，协助游人顺利到达各游览地点，尤其在道路系统较复杂、景点较丰富的大型园林中，更为必备，如动物园、植物园等。三是点景作用。展览栏及各种标牌，均具有点缀园林景致的作用，陪衬环境，构成局部构图中心。

第二，设计要点有以下五点：一是位置选择。宜选择停留人流较多地段以及人流必经之处，如出入口广场周围、道路旁侧、建筑物周围、亭廊附近等。二是朝向与环境。以朝南或朝北为佳，面东、面西均有半日的阳光直射，影响展览效果并会降低其利用率。不过，处在绿树成荫的绿化环境中，可以避免日晒。增加展览栏建筑本身的遮阳设施可减少日晒。环境的亮度、地面亮度与展览栏相差不可过大，以免造成玻璃的反光，影响观览效果。三是地段要求。展览栏应退到人流路线之外，以免人流干扰；展览栏前应留有足够的空地，且应地势平坦，以便游人参观；周围最宜有休息设施，环境优美、舒适，以吸引游人驻足停留。四是造型与环境。造型应与园林环境密切结合，与周围景物协调统一。在窄长的环境中，宜采用贴边布置，以充分利用空间，在宽敞的环境中，则宜用展览栏围合空间，构成一定的可游可憩的环境。在背景景物优美的环境中，可采用轻巧、通透的造型，以便建筑与景物融为一体，且便于视线通透，反之则宜用实体展墙，以障有碍之景物。基本尺寸要恰当，其大小、高低既要符合展品的布置，又要满足参观者的视线要求，一般小型画面的中心高度距地面 1.5 m 左右为宜。五是照明设计和通风。应做好展览栏的照明设计及通风设施。照明可丰富夜间园林景色效果，增强表现展览栏的造型。照明设施也是夜晚参观必备的设施，故照明应考虑画面的均匀照度，不可有刺目的眩光，一般宜用间接光源。由于人工照明及日照将引起展览窗内温度升高，对展品不利，一般在展览窗的上部做通光小窗口，以排热气，降低温度。

8. **园桥、汀步**

桥在园林中不仅是路在水中的延伸，而且还参与组织游览路线，也是水面重要的风景点。也许你会设想原始人穿河过谷，可能是利用天然倒下的树木或大自然赐予的石梁——天生桥上而过或攀扶着森林中盘缠的野藤或跳跃在溪涧的石块之上，先民的最初尝试给园林带来了无限的风光。园桥类型可分为以下几种:①平桥。平桥简朴雅致，紧贴水面，增加风景层次，平添不尽之意，便于观赏水中倒影、池里游鱼，平中有险。②曲桥。无论三、五、七、九折，园林中统称曲桥和折桥，它曲折起伏多姿，为游人提供各种不同观赏点，桥本身又为水面增添了景致。③拱桥。多置于大水面，它是将桥面抬高，做成玉带形式。这种造型优美的曲线，圆润而富有动感，既丰富了水面的立体景观，又便于桥下通船。④屋桥。以石桥为基础，在其上建亭、廊等，又叫亭桥或廊桥，其功能除一般桥的交通和造景外，可供游人休憩。公路桥允许坡度在4%左右，而作为园林的桥，如为步行桥则可不受限制。

汀步是置于水中的步石，它是将几块石块平落在水中，供人步行。由于它自然、活泼，因此常成为溪流、水面的小景。设计的要点如下：①基础要坚实、平稳，面石要坚硬、耐磨。多采用天然的岩块，也可以使用各种美丽的人工石。②石块的形状，表面要平，忌做成龟甲形以防滑，又忌有凹槽，以防止积水及结冰。③汀步置石的间距，应考虑人的步幅，中国人成人步幅为56~60 cm，石块的间距可为8~15 cm。石块不宜过小，一般应在40 cm×40 cm以上。汀步石面应高出水面6~10 cm为好。④置石的长边应与前进的方向相垂直，这样可以给人一种稳定的感觉。⑤汀步置石要能表现出韵律变化，要具有生机、活跃感和音乐美。

（四）园林植物

植物是园林绿地景观构成的重要基础要素，是绿地生态的主体，也是影响公共环境和面貌的主要因素之一。我国幅员辽阔、气候温和、植物品种繁多，特别是长江以南的地区具有全国最丰富的植物资源，这就为园林植物的规划提供了良好的自然条件。

园林植物是指在园林建设中所需要的一切植物材料，以绿色植物为主，包括木本植物和草本植物。在配置和选用园林植物时，既要考虑植物本身的生长发育特性，又要考虑植物与环境及其他植物的生态关系；同时还应满足功能需要，符合审美及视觉原则。

五、植物类型

（一）乔木

乔木具有体形高大、主干明显、分枝点高、寿命长等特点，是园林绿地中数量最多、作用最大的一类植物。它是园林植物的主体，对绿地环境和空间构图影响很大。

乔木分为针叶树、阔叶树、常绿树与落叶树。乔木依其大小、高度又分为大乔木（大于 20 m）、中乔木（8~20 m）和小乔木（小于 8 m）。大中型乔木一般可作为主景树，也可以树丛、树林的形式出现。小乔木多用于分隔、限制空间。

（二）灌木

灌木没有明显主干，主要呈丛生状态或分枝点较低。灌木有常绿与落叶之分，在园林绿地中常以绿篱、绿墙、丛植、片植的形式出现。依其高度，灌木可分为大灌木（大于 2 m）、中灌木（1~2 m）和小灌木（0.3~1.0 m）。

（三）竹类

竹类为禾本科植物，树干有节、中空，叶形美观，是园林中常见的植物类型。常用竹类有毛竹、紫竹、淡竹、刚竹、佛肚竹、凤尾竹等。

（四）藤本植物

藤本植物不能直立，需攀缘于山石、墙面、篱栅、廊架之上。有常绿与落叶之分，常用藤本植物如紫藤、爬山虎、常春藤、五叶地锦、木香、野蔷薇等。

（五）花卉

园林花卉主要指草本花卉、宿根花卉和球根花卉。按其形态特征及生长寿命可分为：①一、二年生花卉：当年春季或秋季播种，于当年或第二年开花的植物，如鸡冠花、千日红、一串红、百日菊、万寿菊等。②宿根花卉：多年生草本植物，大多为当年开花后地上茎叶枯萎，其根部越冬，翌年春季继续生长，有的地上茎叶冬季不枯死，但停止生长，如玉簪、麦冬类、万年青、蜀葵等。③球根花卉：也是多年生草本植物，地下茎或根肥大呈球状或块状，如菖蒲、郁金香、水仙类、百合类等。

（六）地被、草坪

地被、草坪植物高度为 0.15~0.30 m，呈低矮、蔓生状。在园林绿地中常用作“铺地”材料，可形成形状各异的草坪。运用地被植物可将孤立的或多组景观因素组成为一个整体。草坪植物有结缕草、天鹅绒草、假俭草等。

（七）水生植物

植物生长于水中，按其习性可分为：①浮生植物。这类植物漂浮在水面上生长，如浮萍、水浮莲、凤眼莲等。②沼生植物。这类植物多生长在岸边沼泽地带，如千屈菜、西洋菜等。③浅水植物。这类植物多生长在 10~20 cm 深的水中，如茭白、水生鸢尾等。④中水植物。这类植物多生长在 20~50 cm 深的水中，如荷花、睡莲等。⑤深水植物。这类植物多生长在水深 120 cm 以上的水中，如菱等，在公园水面上多以种植荷花、睡莲为主。

六、环境条件对园林植物的影响

园林植物是活的有机体，除本身在生长发育过程中不断受到内在因素的作用外，同时还要受到外界环境条件的综合影响，其中比较明显的有温度、阳光、水分、土壤、空气和人类活动等。

（一）温度

温度与叶绿素的形成、光合作用、呼吸作用、根系活动以及其他生命现象都有密切关系。但是纬度、海拔、小地形和其他因素的不同，使太阳辐射能量的分配有很大差别。太阳辐射能量是热量的来源，温度是热量的具体指示，一般来说，0~29 ℃是植物生长的最佳温度。在各个不同地区所形成植物生长发育的温度条件是不同的。这些不同的温度条件长期和持久重复地作用于各种植物，各种植物在长久的历史过程中对这些不同的温度条件产生了一定的适应性，并将其有利的变异从遗传上巩固下来，不能产生适应性的植物则会被自然所淘汰。这就是形成我国自南向北的热带植物、亚热带植物、温带植物和寒带植物的水平分布带以及由低到高的垂直分布带的原因。当然，随着纬度的不同，垂直分布的植物类型是不同的，但其生态类型的变化过程仍然是依照这种规律行事，超越了这个范围，植物的生长发育就要受到影响甚至死亡。

（二）阳光

园林植物的整个生长发育过程是依靠从土壤和空气中不断吸收养料制成有机物来维持的，然而这个吸收过程必须在有蒸腾作用存在的条件下进行。没有光，这个过程将无法实现，同样光合作用也会停止。所以，绿色植物在整个生活过程中对光的需要，正像人对氧气的需要一样重要。但是不同植物对光的要求并不相同，这种差异在幼龄期表现尤其明显。根据这种差异性，园林植物可分成阳性植物（如悬铃木、松树、刺槐、黄连木）和耐阴植物（如杜英、枇杷）两大类。阳性植物只宜种在开阔向阳地带，耐阴植物只能种在光线不强和背阴的地方。

园林植物的耐阴性不仅因树种不同而不同，而且常随植物的年龄、纬度、土壤状况等发生变化。如年龄愈小，气候条件愈好，土壤肥沃湿润，其耐阴性就越强。从外观来看，树冠紧密的比树冠疏松的耐阴。

城市树木所受的光量差异很大，因建筑物的大小、方向和宽度的不同而不同，如东西向的道路，其北面的树木因为所受光量的不同，一般向南倾斜，即向阳性。

（三）水分

植物的一切生化反应都需要水分参与，一旦水分供应间断或不足，就会影响生长发育，持续时间太长还会使植物干枯，这种现象在幼苗时期表现得更为严重。反之，如果水分过多，会使土壤中空气流通不畅，氧气缺乏，温度过低，降低了根系的呼吸能力，同样会影响植物的生长发育，甚至使根系腐烂坏死，如雪松。

不同类型的植物对水分多少的要求颇为悬殊。即使同一植物对水的需要量也是随着树龄、发育时期和季节的不同而变化的。春夏时树木生长旺盛，蒸腾强度大，需水量必然多。冬季多数植物处于休眠状态，需水量就少。城市的自然降水形成地下水，为植物生长提供水分。

（四）土壤

土壤是大多数植物生长的基础，植物从中获得水分、氮和矿物质等营养元素，以便合成有机化合物，保证生长发育的需要。但是不同的土壤厚度、机械组成和酸碱度等，在一定程度上会影响植物的生长发育和其类型的分布区域。土层厚薄涉及土壤水分的含量和养分的多少。城市土壤常受到人为的践踏或其他不利因素影响而限制植物根部的生长。土壤酸碱度（pH）影响矿物质养分的溶解、转化和吸收。如酸性土壤容易引起缺磷、钙、镁，增加金属汞、砷、铬等化合物的溶解度，危害植物。碱性土壤容易引起缺铁、锰、硼、锌等现象。对于植物来说，缺少任何一种它所必需的元素都会出现病态。缺铁会影响叶绿素的形成，叶片变黄脱落，影响光合作用。除此之外，土壤酸碱度还会影响植物种子萌发、苗木生长、微生物活动等。

不同植物对土壤酸碱度的反应不同，就大多数植物来说，在酸碱度为3.5~9.0的范围内均能生长发育，但是最适宜的酸碱度却较狭窄，根据植物对土壤酸碱度的不同要求可分为以下3类：①酸性土植物。只要在酸性（pH＜6.7）的土壤中生长最多、最盛的植物均属此类，如马尾松、杜鹃类。②中性土植物。生长环境的土壤pH值为6.8~7.0，一般植物均属此类。③碱性土植物。在pH值大于7.0的土壤上生长最多、最盛者，如桂柳、碱蓬等。

（五）空气

空气是植物生存的必要条件，没有空气中的氧气和二氧化碳，植物的呼吸和光合作用就无法进行，同样会死亡。相反，空气中有害物质含量增多时同样会对植物产生危害作用。在自然界中空气的成分一般不会出现过多或过少的现象，而城市中的空气污染会影响植物的正常生长，甚至导致其死亡，在厂矿集中的城镇附近的空气中含烟尘量和有害气体会增加，污染大气和土壤。以二氧化硫为例，各种植物对二氧化硫的抗性是不同的。当其含量低时，硫是可以被植物吸收同化的；但当含量达到百万分之一时，就能使针叶树受害；当含量达到百万分之十时，一般阔叶树叶子变黄脱落，人不能持久工作；当含量达到百万分之四百时，人也会死亡。因此，在污染地区进行绿化，必须选用抗性强、净化能力大的植物。

（六）人类活动

城市中种植的植物明显受到人工环境的影响。随着城市的发展，对于新的空间的利用越来越多，人类对植物的影响也就越来越显著。人的活动不仅改变了植物的生长地区界限，并且影响到植物群落的组合。例如，在沙漠上营造防护林限制流沙移动，引水灌溉改造沙漠可以创造新的植物群落，引种驯化可以促进一些植物类型的定居和发展，不断替代了一些经济价值不大的类型。这充分说明人类正在根据自己的需要不断地利用植物来改善环境、改造自然。当然同时也衍生了一些不良的做法，如对森林进行毁灭性的破坏，不仅失去了山清水秀的自然之美，还严重破坏了生态平衡，导致气候恶化，造成水土流失，绿洲变为沙漠，土壤流失严重，山石滑落等灾害也越显突出。

除此以外，人类的放牧、昆虫的传粉、动物对果实种子的传播等对植物生长发育和分布都有着重要的影响。因此，园林植物的生长发育和分布区的形成是同时受到各种环境条件综合影响和制约的。

第二节 园林的发展

从农业社会到工业革命前几千年的人类历史中，城市的发展一直是缓慢而平稳的；工业革命后，城市的发展速度大大提高，城市人口激增，城市规模扩张迅猛。人类的社会结构与自然环境之间长期保持着的相对稳定的关系也在工业革命之后被打破，人类开始肆无忌惮地向自然索取，人类活动极大地破坏了自然界的生态平衡；直到近代，人类才重新认识到保护环境、与自然和平共处的重要性。园林设计也随着城市的发展，从过去长期处于为少数人服务的、封闭的、小规模的状态逐步转向为公众服务的、开放的、大规模的状态。

一、古代园林

无论是《圣经·旧约》中的“伊甸园”，还是可考的巴比伦空中花园，均与公众的现实生活无关。但是，这并不能阻止古代城市中普通市民的游憩活动。在古希腊、古罗马的城市中，公众的户外游憩活动通常利用集市、墓园、军事营地等城市空间。

中世纪的欧洲城市多呈封闭型。城市基本上通过城墙、护城河及自然地形与郊野隔离，城内布局十分紧凑密实。城市公共游憩场所除了教堂广场、市场、街道外，常转向城墙以外。

1810 年，伦敦的皇家花园摄政公园的一部分被用于房地产开发，其余部分完全向公众开放。

二、近现代园林

欧洲兴起的工业革命所带来的前所未有的科学技术和社会经济的发展，使许多城市在短时间内发生了剧变。传统城市的功能开始退化，城郊地区开始发展，随着农村人口迅速向城市集聚，城市的人口和规模也骤然增长。城市人口的激增和城市规模的膨胀，打破了原有城市环境的平衡状态，城市出现了拥挤不堪、空气污染、缺乏绿地等许多问题，城市的卫生、健康、环境严重恶化。针对现代城市出现的种种弊端，从1833年起，英国议会颁布了一系列法案，准许用税收建造城市公园和其他城市基础设施。

1843年，英国利物浦市用税收建造了公众可免费使用的伯肯海德公园，标志着第一个城市公园的正式诞生。这一时期，巴黎的豪斯曼改建计划也已基本成形，该计划在大刀阔斧改建巴黎城区的同时，也开辟出了供市民使用的绿色空间。

受英国经验的影响，在美国设计师唐宁、奥姆斯特德的竭力倡导下，美国的第一个城市公园——纽约中央公园于1858年在曼哈顿岛诞生。

19世纪下半叶，欧洲、北美掀起了城市公园规划与建设的高潮，被称为“公园运动”，是人们所做出的改善城市环境、解决城市问题的理想和努力之一。专业实践的范畴逐步扩大到包括城市公园和绿地系统、城乡景观道路系统、居住区、校园、地产开发和国家公园的规划设计管理的广阔领域。一系列作为民主和理想象征的、自然风景式风格的城市公园与当时大城市的恶劣环境形成鲜明对比，并以其开放的姿态成为普通人生活的一部分。

在“公园运动”时期，各国普遍认同城市公园具有五个方面的价值，即保障公众健康、滋养道德精神、体现浪漫主义（社会思潮）、提高劳动者工作效率、促使城市地价增值。

1880 年，美国设计师奥姆斯特德等设计的波士顿公园体系，突破了美国城市方格网格局的限制。该公园体系以河流、泥滩、荒草地所限定的自然空间为定界依据，利用带状绿化，将数个公园连成一体，在波士顿中心地区形成了景观优美、环境宜人的公园体系。如今，该公园体系的两侧分布着世界著名的学校、研究机构和富有特色的居住区。

在 19 世纪和 20 世纪之交，人们对城市普遍提出了质疑，一些有识之士对城市与自然的关系开始做系统性反思。这一时期的城市绿地建设，从局部的城市调整转向了重塑城市的新阶段。

1898 年霍华德出版了《明日的城市》，1915 年格迪斯出版了《进化的城市》，这两本书写下了人类重新审视城市与自然关系的新篇章。霍华德认为，大城市是远离自然、灾害肆虐的重病号，“田园城市”是解决这一社会问题的方法。“田园城市”直径不超过 2 km，人们可以步行到达外围绿化带和农田。城市中心是由公共建筑环抱的中央花园，外围是宽阔的林荫大道（内设学校、教堂等），加上放射状的林间小径，整个城市鲜花盛开、绿树成荫，形成一种城市与乡村田园相融的健康环境。

在欧洲大陆，受格迪斯《进化的城市》一书的影响，芬兰建筑师沙里宁的“有机疏散”理论认为，城市只要发展到一定程度，老城周围会形成出独立的新城，老城则会衰落并需要彻底改造。他在大赫尔辛基规划方案中表达了这一思想。这是一种城区联合体，城市一改集中布局而变为既分散又联系的城市有机体。绿带网络提供城区间的隔离并为城市提供新鲜空气。“有机疏散”理论中的城市与自然的有机结合原则，对以后的城市绿地建设具有深远的影响。

随着社会经济的发展，城市化的进程逐渐加快，人口越来越向城市集聚，城市逐步发展成多功能、多样化的综合性产业结构。从《雅典宪章》开始，受17世纪以来的功能分区理论逐渐成为城市规划的主导理论。此时，人们期望以功能去理性地观察和研究城市的发展，并进而科学地指导和规划城市的发展进程。

园林规划设计同样逐渐为功能主义所影响。20世纪初，瑞典斯德哥尔摩将城市公园作为一个系统，以功能主义为指导，使公园成为城市结构中为市民生活服务的网络，创造了有着广泛社会基础的、为城市功能结构服务的城市景观系统。1938年，英国人特纳德写成了被称为现代园林设计第一则声明的《现代景观中的花园》一书，其中新理念的第一条就是从现代主义建筑中借鉴而来的功能主义，这些实践和理论对现代园林规划设计产生了巨大的影响，标志着功能理性在现代园林规划设计中的兴起。

作为功能主义的理解，城市公园和绿地被看作是城市居民放松身心的功能空间，出于对公园绿地与城市居民身心健康关系的认识，城市绿化面积和人均绿地面积等指标成为衡量城市环境质量的重要指标。城市绿地系统的科学规划和合理安排成为城市园林规划的重要内容和目标。而在具体的园林设计中，功能同样被认为应该是设计的起点，场地中各种功能的理性安排和分区成为设计考虑的首要目标，城市园林与城市居民的生活紧紧结合在一起。

1938年，英国议会通过了《绿带法案》。1944年的大伦敦规划，环绕伦敦形成一道宽达5英里（1英里≈1.609 km）的绿带。1955年，又将该绿带宽度增加到6~10英里。英国“绿带政策”的主要目的是控制大城市的无限蔓延，鼓励新城发展，阻止城市连体，改善大城市环境质量。

20世纪初，西方的工艺美术运动和新艺术运动及其引发的现代主义浪潮创造出具有时代精神的新艺术形式，带动了园林风格的变化，对后来的园林产生了广泛影响，它是现代主义之前有益的探索和准备，同时预示着现代主义时代的到来。

现代主义受到现代艺术的影响甚深，现代艺术的开端是法国画家亨利·马蒂斯开创的野兽派，他追求更加主观和强烈的艺术表现，对西方现代艺术的发展产生了重要的影响。20世纪初，受到当时几种不同的现代艺术思想的启示，在设计界形成了新的设计美学观，它提倡线条的简洁、几何形体的变化与色彩的明亮。现代主义对园林的贡献是巨大的，它使得现代园林真正走出了传统的天地，形成了自由的平面与空间布局、简洁明快的风格、丰富多样的设计手法。

同现代城市规划一样，现代园林规划设计从技术专家的角度出发，面对社会需求和城市功能要求，采取的是唯理的分析方法和线性的操作程序。在社会逐渐民主与多元化的背景下，面对多样的选择，面对如何满足大多数人的喜好、如何保证使每个人的需求在未来实现的规划设计中都不被排除在外、如何使规划结果实现最大限度的公正和社会满足等种种问题，建立在个人的或少数人的理性分析和判断上的现代主义园林规划设计逐渐遭到质疑。这种自上而下的精英主义设计和机械的管理方法，在面对各种价值的评估、取舍和各类人群的需求时显然会产生偏差和不足。而一旦片面地、机械地追求城市绿化各项指标而忘却其背后为人服务的含义，园林规划设计便失去了明晰的发展目标和方向。在现代社会中，好的设计需要多元的对话。西方园林设计方法的发展与变革体现了这一社会观念的变化。

20世纪60年代以来，西方城市政治生活的公众参与浪潮兴起。20世纪70年代初，开始影响专业实践领域，城市规划和园林规划设计的视点逐渐从宏观转到了微观，从鸟瞰的专家角度转到了市民角度，由专业性集中的权力转到了感性、具体、自下而上的参与。现代园林规划设计综合平衡了多种使用者需求的公众参与，创造公正、公平的城市景观，合理而有效的公众参与为规划设计实践提供了获得长期成功的社会基础，现代园林规划设计走出了自己的、与社会现实同步的道路。

与此同时，现代城市的不断扩张和日益加快的郊区化倾向，使得城市对整个人居环境造成了极大的冲击力。大地景观被人类切割得支离破碎，自然的生态过程受到了严重威胁，生物多样性不断消失，生态环境不断恶化。人类不得不面对的环境问题不仅包括交通污染、空气污染、缺乏绿地等城市问题，而且也包括水资源污染、野生环境破坏、土壤流失及沙漠化等区域性问题，这些现象越来越严重地影响着社会经济的发展，甚至逐渐威胁着人类自身的生存和延续。在这种背景下，对生态环境的改善与保护的考虑成为城市规划和园林规划设计中日趋必然的需求。

第二章　园林施工图识读与组织设计

第一节　施工图识读

一、园林总平面图的识读内容

1. 用地周边环境

标明设计地段所处的位置，在环境图中标注出设计地段的位置、所处的环境、周边的用地情况、交通道路情况、景观条件等。

2. 设计红线

标明设计用地的范围，用红色粗双点画线标出，即规划红线范围。

3. 各种造园要素

标明景区景点的设置、景区出入口的位置、园林植物建筑和园林小品、水体水面、道路广场、山石等造园要素的种类和位置以及地下设施外轮廓线，对原有地形、地貌等自然状况的改造和新的规划设计标高、高程及城市坐标。

4. 标注定位尺寸或坐标网

（1）尺寸标注

以图中某一原有景物为参照物，标注新设计的主要景物和该参照物之间的相对距离。它一般适用于设计范围较小、内容相对较少的项目的设计。

（2）坐标网标注

坐标网以直角坐标的形式进行定位，有建筑坐标网及测量坐标网两种形式。建筑坐标网是以某一点为“零”点（一般为原有建筑的转角或原有道路的边线等），并以水平方向为 *B* 轴、垂直方向为 *A* 轴，按一定距离绘制出方格网。建筑坐标网是园林设计图常用的定位形式，如对自然式园路、园林植物种植应以直角坐标网格作为控制依据。测量坐标网是根据测量基准点的坐标来确定方格网的坐标，并以水平方向为 *Y* 轴、垂直方向为 *X* 轴，按一定距离绘制出方格网。坐标网均用细实线绘制，常用（2 m × 2 m）~（10 m × 10 m）的网格绘制。

5. 标题

标题除了起到标示、说明设计项目及设计图纸的名称作用之外，还具有一定的装饰效果，以增强图面的观赏效果。标题通常采用美术字，应该注意标题字体与图纸总体风格相协调。

二、园林植物配置图的识读内容

1. 苗木表

通常在图面上适当位置用列表的方式绘制苗木统计表，具体统计并详细说明涉及植物的编号、图例、种类、规格（包括树干直径、高度或冠幅）和数量等。

2. 施工说明

对植物选苗、栽植和养护过程中需要注意的问题进行说明。

3. 植物种植位置

通过不同图例区分植物种类。

4. 植物种植点的定位尺寸

种植位置用坐标网格进行控制，如自然式种植设计图；或可直接在图样上用具体尺寸标出株间距、行间距及端点植物与参照物之间的距离，如规则式种植设计图。

5. 施工放样图和剖、断面图

某些有着特殊要求的植物景观还需给出这一景观的施工放样图和剖、断面图。园林植物种植设计图是组织种植施工、编制预算、养护管理及工程施工监理和验收的重要依据，它应能准确表达出种植设计的内容和意图，并且对施工组织、施工管理以及后期的养护都起到很大的作用。

三、园林建筑施工图的识读内容

1. 园林建筑平面图的识读内容

园林建筑平面图是指经水平剖切平面沿建筑窗台以上部位（对于没有门窗的建筑，则沿支撑柱的部位）剖切后画出的水平投影图。当图纸比例较小，或为坡屋顶或曲面屋顶的建筑时，通常也可只画出其水平投影图（屋顶平面图）。园林建筑平面图用来表达园林建筑在水平方向的各部分构造情况，主要内容概括如下：

①图名、比例、定位轴线和指北针；

②建筑的形状、内部布置和水平尺寸；

③墙、柱的断面形状、结构和大小；

④门窗的位置、编号，门的开启方向；

⑤楼梯梯段的形状，梯段的走向和级数；

⑥表明有关设备如卫生设备、台阶、雨篷、水管等的位置；

⑦地面、露面、楼梯平台面的标高；

⑧剖面图的剖切位置和详图索引标志。

2. 园林建筑立面图的识读内容

园林建筑立面图是根据投影原理绘制的正投影图，相当于三面正投影图中的 V 面投影或 W 面投影。在进行设计构思时，通常需要表达园林建筑的立体空间，这就需要展现其效果图。但由于施工的需要，只有通过剖、立面图才能更加清楚地显示垂直元素细部及其与水平形状之间的关系，立面图是达到这个目的的有效工具。

建筑的四个立面可按朝向称为东立面图、西立面图、南立面图和北立面图；也可以把园林建筑的主要出口或反映房屋外貌主要特征的立面图称为正立面图，从而确定背立面图和侧立面图。建筑立面图用于表达房屋的外形和装饰，主要内容概括如下：

①表明图名、比例、两端的定位轴线；

②表明房屋的外形及门窗、台阶、雨篷、阳台、雨水管等位置和形状；

③表明标高和必需的局部尺寸；

④表明外墙装饰的材料和做法；

⑤标注详图索引符号。

3. 园林建筑结构图的识读内容

具体内容见表2-1。

表2-1　园林建筑结构图的识读内容

项目	内容
基础平面图	基础平面图主要表示基础的平面布局，墙柱与轴线的关系。 基础平面图的内容如下： ①图名、图号、比例、文字说明。 ②基础平面布置，即基础墙。构造柱、承重柱以及基础底面的形状、大小及其与轴线的相对位置关系，标注轴线尺寸、基础大小尺寸和定位尺寸。 ③基础梁（图梁）的位置及其代号。 ④基础断面图的创切线及编号或注写基础代号。 ⑤基础地面标高有变化时，应在基础平面图对应部位的附近标出，表示基底标高发生了变化，并标注相应基底的标高。 ⑥在基础平面图上，应绘制与建筑平面相一致的定位轴。标注相同的轴向尺寸及编号。此外，还应注出基础的定型尺寸和定位尺寸。 ⑦线型。在基础平面图中，被剖切到基础墙的轮廓用粗实线，基础底部宽度用细实线，地沟为暗沟时用细虚线。图中材料的图例线与建筑平面图的线型一致
基础详图	基础详图一般用平面图和剖面图表示，采用1：20的比例绘制，主要表示基础与轴线的关系。一般将两个或两个以上的编号的基础平面图绘制成一个平面图，但是要把不同的内容表示清楚以便区分。独立柱基础的剖切位置一般选择在基础的对称线上，投影方向一般选择从前向后投影。 基础详图的内容如下： ①图名（或基础代号）、比例、文字说明。 ②基础断面图中轴线及其编号（若为通用断面图，则轴线四围内不予编号）。 ③基础断面形状、大小、材料以及配筋。 ④基础梁和基础圈梁的截面尺寸及配筋。 ⑤基础圈梁与构造柱的连接做法。 ⑥基础断面的详细尺寸和室内外地面，基础垫层底面的标高。 ⑦防潮层的位置和做法

四、园林工程图的识读内容

1. 竖向设计图的识读内容

竖向设计指的是在场地中进行垂直于水平方向的布置和处理，也就是地形高程设计，对于园林工程项目地形设计应包括地形塑造、山水布局、园路、广场等铺装的标高和坡度以及地表排水组织。竖向设计不仅影响最终的景观效果，还影响地表排水的组织、施工的难易程度、工程造价等多个方面，此外，竖向设计图还是给水排水专业施工图绘制的条件图。竖向设计图的内容如下：

①除园林植物及道路铺装细节以外的所有园林建筑、山石、水体及其小品等造园素材的形状和位置。

②现状与原地形标高，地形等高线、设计等高线的等高距一般取 0.25~0.50 m，当地形较复杂时，需要绘制地形等高线放样网格。设计地形等高线用实线绘制，现状地形等高线用虚线绘制。

③最高点或者某特殊点的位置和标高。

④地形的汇水线和分水线，或用坡向箭头标明设计地面坡向，指明地表排水方向、排水的坡度等。

⑤指北针、图例、比例、文字说明、图名。文字说明中应包括标注单位、绘图比例、高程系统的名称、补充图例等。

⑥绘制重点地区、坡度变化复杂的地段的地形断面图，并标注标高、比例尺等。

2. 给水排水平面布置图的识读内容

（1）建筑物、构筑物及各种附属设施

厂区或小区内的各种建筑物、构筑物、道路、广场、绿地、围墙等，均按建筑总平面的图例根据其相对位置关系用细实线绘出其外形轮廓线。多层或高层建筑在左上角用小黑点数表示其层数，用文字注明各部分的名称。

（2）管线及附属设施

厂区或小区内各种类型的管线是本图表述的重点内容，以不同类型的线型表达相应的管线，并标注相关尺寸，以满足水平定位要求。水表井、检查井、消火栓、化粪池等附属设备的布置情况以专用图例绘出，并标注其位置。

3. 给水排水管道纵断面图的识读内容

①原始地形、地貌与原有管道、其他设施给水及排水管道纵断面图中，应标注原始地平线、设计地面线道路、铁路、排水沟河谷及与本管道相关的各种地下管道、地沟、电缆沟等的相对距离和各自的标高。

②绘出管线纵断面以及与之相关的设计地面、构筑物、建筑物，并进行编号。标明管道结构（管材、接口形式、基础形式）、管线长度、坡度与坡向、地面标高、管线标高（重力流标注内底、压力流标注管道中心线）、管道埋深以及交叉管线的性质、大小与位置。

③标高标尺。一般在图的左前方绘制标高标尺，标明地面与管线等的标高及其变化情况。

第二节　施工组织设计

一、园林绿化工程施工组织设计的基本内容

1. 施工组织设计的基本内容

施工组织设计的基本内容见表 2-2。

表2-2　施工组织设计的基本内容

项目	内容
工程概况	①本项目的性质、规模、地点、结构特点、期限、分批交付使用的条件、合同条件； ②本地区地形、地质、水文和气象情况； ③劳动力、机具、材料、构件等资源供应情况； ④施工环境及施工条件等
施工部署及施工方案	①根据工程情况，结合人力、材料、机械设备、资金、施工方法等条件，全面部署施工任务，合理安排施工顺序，确定主要工程的施工方案； ②对拟建工程可能采用的几个施工方案进行定性定量分析，通过技术经济评价，选择最佳方案
施工进度计划	①施工进度计划反映了最佳施工方案在时间上的安排，采用计划形式，使工期成本、资源等达到优化配置，符合项目目标的要求； ②使工序有序进行，使工期成本、资源等通过优化调整达到既定目标，在此基础上编制相应的人力和时间安排计划、资源需求计划和施工准备计划
施工平面图	施工平面图是施工方案及施工进度计划在空间上的全面安排。它把投入的各种资源合理地布置在施工现场，使整个现场能有组织地进行文明施工
主要技术经济指标	技术经济指标用以衡量组织施工的水平，它是对施工组织设计进行的经济效益方面的评价

2. 园林工程施工组织设计的编制原则

①重视工程的组织对施工的作用；

②提高施工的工业化程度；

③重视管理创新和技术创新；

④重视工程施工的目标控制；

⑤积极采用国内外先进的施工技术；

⑥充分利用时间和空间，合理安排施工顺序，提高施工的连续性和均衡性；

⑦合理部署施工现场，实现文明施工。

3. 园林工程施工组织总设计的编制程序

①收集和熟悉编制施工组织总设计所需的有关资料和图纸，进行项目特点和施工条件的调查研究；

②计算主要工种的工程量；

③做好施工的总体部署；

④拟订施工方案；

⑤编制施工总进度计划；

⑥编制资源需求量计划；

⑦编制施工准备工作计划；

⑧施工总平面图设计；

⑨计算主要技术经济指标。

应该指出，以上顺序中有些顺序必须这样，不可逆转，这是因为：

第一，拟订施工方案后才可编制施工总进度计划（因为进度的安排取决于施工的方案）；

第二，编制施工总进度计划后才可编制资源需求量计划（因为资源需求量计划要反映各种资源在时间上的需求）。

4. 园林工程施工组织设计的编制依据

园林工程施工组织设计包括施工组织总设计和单位工程施工组织设计，其编制依据见表 2-3。

表2-3　园林工程施工组织设计的编制依据

项目	编制依据
施工组织总设计的编制依据	①计划文件； ②设计文件； ③合同文件； ④地区基础资料； ⑤有关的标准、规范和法律； ⑥类似园林工程的资料和经验
单位工程施工组织设计的编制依据	①单位的意图和要求，如工期、质量、预算要求等； ②工程的施工图纸及标准图； ③施工组织总设计对本单位工程的工期、质量和成本的控制要求； ④资源配置情况； ⑤建筑环境场地条件及地质气象资料，如工程地质勘测报告、地形图和测量控制等； ⑥有关的标准、规范和法律； ⑦有关技术新成果和类似园林工程的资料和经验

5. 案例

编号：×××。工程名称：××工程。交底日期：××年×月×日。施工单位：××建筑公司。

（1）工程概况

①某校新校区景观工程位于某经济技术开发区城南大道以北、湖东路以西地块，总用地面积 31.1 万 m^2，其中硬质铺装约为 2.2 万 m^2，水体景观面积约为 0.27 万 m^2，绿化景观面积约为 28.13 万 m^2。

②景观内广场由中心广场、入口广场和校前广场三大广场组成，主要景点有紫襟园、渔人码头、师生桥、码头景观平台、停车场彩色道板砖及嵌草砖铺面等。建成后将成为集学习和休闲为一体的自然生态景观。

③本工程由某大学附属中学投资，某装饰园林工程有限公司设计。

④工程特点：本工程占地面积大，景点多；局部工艺要求复杂，施工工期较短；土方造型线条流畅结合自然。

（2）施工布置

根据本工程初步了解的信息及施工现场情况，结合本公司以往的施工经验和工作能力，制订本工程的施工计划。

①布置原则。加强施工过程中的动态管理，合理安排施工机械以及设备和劳动力的投入。在确保每道工序质量的前提下，抢时间争速度，科学地组织流水和交叉作业。严格管理劳动纪律，严格控制关键工序施工工期，确保按期、优质、高效地完成工程施工任务。

②为确保施工的顺利进行，保证工程质量，成立某附中校区园林景观工程项目部，负责本工程的总体管理。运用现代化管理手段，统一协调各分部分项施工，确保工程质量和施工进度。

（3）工程质量

①质量是企业的生命，公司一贯坚持质量第一的方针。在该工程的施工管理目标上，严格按各道工序进行操作，把握好工程质量关。在严格自检、互检、交接检的基础上，虚心听取监理等部门的意见，接受他们对各项工程施工的质量监督，确保工程质量优良。

②安全施工。

a. 施工期确保安全事故为零；

b. 严格执行相关标准，加强对安全生产的领导检查，对工程项目部的安全生产状况进行严格的检查。

③施工人员的安排与配备。根据以往的施工经验，考虑劳务外包为承建制劳务业施工队伍，故要求施工队伍有熟练的施工人员，技术特种作业人员必须持证上岗。

（4）施工准备

①施工现场准备。

a. 搭设活动房四间作为项目部办公用房、活动房五间及砖固房四间作为职工宿舍，书写标语及工程概况等相关信息，搭设库房一间，作为工具、用具及零星材料堆放处。

b. 用挖掘机在现场挖排水沟，确保施工现场内无积水，水流向低洼地集中排放。

c. 复核和引测建设方提供的永久性全标及高程控制点，测设施工现场控制网，布置控制桩，复核无误后用混凝土加以固定保护，并插入旗帜明示，以免被破坏。

d. 按照提供的施工图纸计算工程量，根据计算结果有计划地组织机械设备和材料进场，堆放于指定地点。

e. 施工用电设置总配电箱。设总配电箱、二级配电箱，所有的配电箱均使用标准电表箱。

②施工机械准备：按照施工机械需用量计划落实。

③建筑材料准备。

a. 根据图纸设计要求提供小样，经业主、设计方确认后方可进行采购。

b. 本工程所用的大部分材料均从公司稳定的供应商中选购，或业主指定的产地购买。所有材料在进场前须制订出详细的材料采购计划。

④劳动力组织计划的准备。

a. 按照既定的现场管理组织机构配足管理人员，同时制定管理制度。

b. 进场施工人员必须进行入场教育，包括公司及项目部管理制度的学习、安全知识教育、基本施工规程的学习等。

（5）技术准备

①熟悉施工图纸，积极与设计院联络，力求将图纸中的问题解决在施工之前。

②编制和审定施工组织设计及施工图预算，为工程开工做准备。

③提出机械、构件加工、材料和外委托加工计划，保证工期进度。

④根据设计要求和业主需要，绘制施工大样图。

⑤根据预算提出的劳动力计划，做到组织落实，保证施工要求。

二、主要分部、分项工程的施工方法

1. 工程测量

①为了保证本工程的平面位置和几何尺寸符合图纸设计要求，并达到优良标准，对平面及高程控制要求如下：由项目副经理组织负责平面坐标及高程传递，项目施工员负责施工现场平面定位放线及BM点标高测量，公司技术质量部门负责平面坐标及高程的设控验收。

②轴线控制：根据建设方提供的坐标控制点，在图纸设计方格网上坐标的施工区域范围内测设纵、横两道主控制线，设置控制桩，并用混凝土加以保护定位，然后用经纬仪根据控制桩测设全场方格网。

③放灰线：根据设计施工总平面图，用石灰粉在施工区域内以 10 m × 10 m 为方格撒出方格网，定出工作业面。

④ BM 点高程测设：根据建设方提供的高程控制点，用水准仪引测高程，并将方格网上每个角点的高程测设标注到绘制的测设图上，用以计算土方工程量。

⑤土方标高控制：根据设计高程和测设标高，计算出挖土深度、用水准仪及标尺控制挖土深度。

2. 中心广场

中心广场为圆形台阶状硬质铺装，间以绿地分隔。按照设计院要求测设出绿地分隔线。根据设计标高支模浇筑钢筋混凝土泥墙，然后采取边回填土边施工台阶基层的做法确保工期和成品保护。

3. 入口广场

入口广场位于师生桥东西两侧，地面为硬质铺装，两侧各设 8 个树池，采用 300 mm × 100 mm × 150 mm 规格的花岗石，西侧布置有怀念景观（老槐树、挂钟、石头）。北侧布置有校训、卧石雕，配以隆起绿地。

4. 校前广场

校前广场位于南大门入口处，师生桥南侧，有路牙及石雕等景观。考虑到石雕工艺较为复杂，故采用委托加工。

5. 紫襟园区、主轴线道路及水池、环形人行道

紫襟园区、主轴线道路及水池、环形人行道均采用硬质铺装。

6. 硬质铺面工艺流程

①地面浮渣清理干净。

②找出施工面四周的中心，弹出中心线，由标准标高线挂出地面标高线。

③花岗石饰面板表面不得有缺陷，不得采用易褪色的材料包装。

④预制人造石材面板应表面平整，几何尺寸准确，表面石粒均匀、洁净、颜色一致。

⑤安放标准块，用水平尺和角尺校正无误。

⑥图案拼花和纹理走向清晰的石材要试拼，合适后再正式拼贴。

⑦一般地面应从中间向四周铺贴，台阶一般由下向上铺设。

⑧正式铺贴前，用素水泥浆将基层刷一遍，随刷随铺。

⑨用 1 ∶ 3~1 ∶ 4 干性水泥砂浆找平，石材用水全部湿润并阴干放置。

⑩水泥浆涂抹在材料背面，安放时必须四角同时落下，用橡皮锤敲击平实，缝隙小于 1 mm。

⑪ 室外安装光面和毛面的装饰面板，接缝可干接或在水平缝中垫硬塑料条。垫硬塑料条时，应压出保留部分，待砂浆硬化后，将硬塑料条剔出，用水泥细砂浆勾缝。干接缝处宜用与饰面板颜色相同的勾缝剂填抹。

⑫ 粗磨面、麻面、条纹面、天然面的接缝和勾缝应用水泥砂浆。勾缝深度应符合设计。

⑬ 路面碎拼石材施工前，应进行试拼，先拼图案，后拼其他部位。接缝应协调，不得有通缝，缝宽为 5~20 mm。

⑭ 施工时采用胶料的品种，掺和比例应符合设计要求并具有产品合格证。

⑮ 铺好的地面在 2~3 天内禁止上人，用素水泥或勾缝剂嵌缝，表面应

清洁干净。

⑯ 整批石材到货后，应先挑选石材色差、对角、大、尺寸不一的，统一安排后方可正式铺贴。

⑰ 拌制砂浆应用不含有害物质的纯洁水。

7. 渔码头

渔码头位于城南大道以北、停车场东侧位，基层做法依次为 60 mm 厚碎石垫层、50 mm 厚 C10 混凝土、40~50 mm 厚 1 ： 2 水泥砂浆。面层做卵石铺装，青石板条带分隔。水岸布置自然石及木桩作为障碍，确保安全。

8. 师生桥

师生桥共有三座，结构及外观相同。基础及桥面结构为单层三跨钢筋混凝土框架结构，柱两侧顶端预埋 200 mm × 200 mm 铁板（8 mm 厚）用以焊接 3a 槽钢，桥面为 50 mm 厚柳桉面板，两侧安装木扶手，$\Phi 50$ 镀锌钢柱用镀锌螺栓固定在槽钢上，上部焊接 40 mm × 4 mm 镀锌扁铁，用以安装固定木扶手。桥面扶手为钢木扶手，上下为柳枝木扶手，中间用 $\Phi 20$ 镀锌钢丝及 $\Phi 40$ 镀锌螺纹管间隔。

浇筑混凝土柱时严格控制柱面标高，按设计标高预留同强度等级细石混凝土找平。柱侧面的预埋钢板预先用水准仪抄平弹线固定在侧模板上。所有的柳桉木必须经过防腐处理，钢构件均需镀锌并做防腐处理。

9. 码头景观平台

在 300 mm × 300 mm 混凝土柱上做 180 mm × 180 mm 实木栏杆。上铺 12 mm 厚槽钢，楞木采用 100 mm × 200 mm 硬木。上铺 150 mm × 750 mm × 50 mm 实木地板，木栏杆立柱采用 180 mm × 180 mm

实木，栏杆为 200 mm × 60 mm、40 mm × 100 mm 硬木，采用榫头连接。

10. 园路

①场内土方整体回填时，应将园路的位置用灰线放线，土质较松软的要换好土回填，园路部分的土方回填必须分层回填，并用压路机碾压密实，防止沉陷。

②按照图纸设计等高线，用人工配合挖掘机整理出园路雏形，用压路机碾压至基底标高位置。

11. 给水排水工程

①按照设计规定进行材质采购。

②所有的管材、管件均必须具有出厂合格证、准用证，并经复试合格后方可使用。

③按照设计图纸以人工开挖沟槽：不允许超挖，超挖部分不允许回填土方。槽底不允许受水浸泡。

④按照设计要求选择管基用材。管道接口处应设混凝土支墩。

⑤管道施工前，应核对出口标高，确认无误后方可施工。

⑥污水管及排水管应做闭水试验，给水及喷灌系统应做 1 MPa 的水压试验，试验合格后方可进行沟槽土方回填。

⑦沟槽开挖、管道安装、闭水试验、水压试验、沟槽回填等应及时做好隐蔽验收工作。

12. 电气亮化工程

①电气灯具的质量。型号必须符合图纸设计要求。管线的质量必须符合电气安装施工规范的要求。电线和穿线管必须经检测合格后方可应用于

本工程。

②穿线管的预埋必须紧密配合土建施工，穿越混凝土的管线在混凝土浇筑时派专人看管，以免浇筑时压扁或接头外进浆造成管线破坏。

③灯具安装的位置应与设计图中的位置相符，藏地灯的四周与地面相接紧密，并略高于路面，设置于一线上的灯具中心误差不应大于 3 mm。

④灯具安装完成后应进行照明测试，检查供电性能、触电系统的灵敏度，并验收灯具电气的观感质量，要求达到电气安装工程验收规范的规定。

三、技术质量保证措施

1. 目标管理

公司将执行质量规定，严格按各道工序操作的动态管理，把好工程质量关，在严格自检、互检、交接检的基础上，重点听取业主设计监理等部门的意见。接受他们对各项施工的质量监督，确保工程质量优良。

2. 坐标及高程的控制措施

①开工前根据建设方提供的原始坐标点，用全站仪引测传递到紧贴施工区域南侧路边，作为本工程的基准坐标及高程点。

②工程测量采用方格网测量，经纬仪、水准仪及铜尺必须进行统一标准校验。

3. 土方工程质量控制措施

①根据测设的方格网角点高程及设计标高，用色彩笔在施工图纸上标示出挖方区、填方区及平衡区，严格控制开挖，避免超挖。

②挖土必须及时排水，防止基土浸泡影响承载力。

③有构筑物区域的土方回填应选用较好的土质，然后分层碾压、分层回填，确保上部结构的承载力。

4. 模板工程质量保证措施

①模板放样设计过程中，必须经过计算，使之有足够的强度、刚度及稳定性。

②所有模板均按施工要求进行放大样，拼出模板施工图，模板安装必须按弹线位置施工。

③模板周转一次必须进行清理、刷油，严重变形的模板严禁使用。

④模板拆除必须按要求进行，提前拆模必须以同条件养护试块，强度数据报给监理，监理同意后方可拆模。

第三章 园林绿化的养护与安全管理

园林绿化建设和自然资源、能源都有着密切的关系，建设节约型园林绿化是社会建设的重要内容之一，是保证园林绿化行业健康、稳定、可持续发展的重要工程。在国家大力倡导建设节约型社会的今天，我们必须清楚地认识到节约型园林绿化的重要性和必要性，力求节约资源、能源，保护环境，为可持续发展做贡献。

园林绿化是现代化城市建设的重要构成部分，是城市经济发展进步的主要标志之一，反映着城市经济发展的整体实力和水平。现如今我国城市绿化覆盖率已经达到42.9%以上，园林绿化发挥着重要的社会服务功能与生态功能。所以要想尽快实现经济社会的全面、协调与可持续发展，进一步提升城市建设与精神文明建设水平，改善城市形象，提升城市品位，就必须把节约资源与保护环境的精神全面落实到园林建设当中，节约和保护资源，走可持续发展道路，使园林绿化发挥最大的生态效益、社会效益与经济效益。

第一节 园林绿化养护的工作内容和要求

一、园林绿化养护的工作内容

园林绿化养护工作是整个园林绿化工程中的重点工作，做好养护管理工作，才能保证园林工程达到完美的景观效果，这也需要很高的技术要求。园林绿化养护管理工作的项目都是很繁杂的，下面我们就来了解一下园林绿化养护的基本工作内容。

1. 修剪

修剪是园林绿化养护的基本内容之一，要根据各类植物的生长特点、立地环境、景观要求，按照操作规程适时开展修剪工作。

2. 施肥

施肥是保证植物健康的重要手段，根据各类植物的生长特点及植物对肥料的需要，要求年施肥不得少于两次，新种植物视生长情况，适时适量进行施肥，以保证各类植物的生长达到一定的景观效果。

3. 除草

除草也是保证植物健康生长的关键之一，杂草会与绿化植物争夺养料、阻挡阳光等，影响绿化植物的健康生长，因此各类绿地、树穴、绿带要及时清理各类杂草。

4. 抹芽

抹芽主要是用于乔木、大型灌木，为保证乔木和大型灌木骨架清晰，促使其生长形态美观、营养集中，需对不定芽进行及时清除。

5. 病虫害防治

病虫害一直都是危害绿化植物的重要问题，所以病虫害的防治工作是园林植物养护中较为重要的手段和内容，要根据各类植物的寄生对象及时做好预测预报，及时采取措施防治。

6. 抗旱抗涝

绿化植物的抗旱抗涝也是园林绿化养护工作的内容之一。旱季及新种植物要及时进行灌溉，防止植物因脱水而枯死。而在汛期则要注意排涝抢险工作，防止植物受损。

以上就是园林绿化养护的基本工作内容，总之，园林绿化养护是一项持续性、长效性的工作，需要科学的绿化养护管理方法。在绿化养护管理上，要了解种植类型和各种树木、花草品种的特征与特性，重点应抓好肥、水、病、虫、剪五个方面的养护管理工作。

受人为因素、自然灾害和材料老化等影响，导致园林绿地、植物及设施损坏的问题普遍存在，因而在日常养护过程中要切实加强园林绿化养护与管理工作。

二、园林绿化养护工作要求

园林绿化养护工作内容包括绿化养护和设施养护两个方面：

①在绿化养护方面，要通过加强管理，确保园林绿地不被侵占，植物不被损坏。

②在设施养护方面，要通过加强管理，确保园林设施完好无损，景观效果良好。

第二节　园林绿化养护及施工

一、园林绿化养护常用术语及养护管理

（一）园林绿化养护的常用术语

树冠：树木主干以上集生枝叶的部分。

花蕾期：植物从花芽萌发到开花前的时期。

叶芽：形状较瘦小，前段尖，能发育成枝和叶的芽。

花芽：形状较肥大，略呈圆形，能发育成叶和花序的芽。

不定芽：在枝条上没有固定位置，重剪或受刺激后会大量萌发的芽。

生长势：植物的生长强弱，泛指植物生长速度、整齐度、茎叶色泽和分枝的繁茂程度。

行道树：栽植在道路两旁，构成街景的树木。

古树名木：树龄到百年以上或珍贵稀有，具有重要的历史价值和纪念意义以及具有重要科研价值的树木。

地被植物：植株低矮（50 cm 以下），用于覆盖园林地面的植物。

分枝点：乔木主干上开始分出分枝的部位。

主干：乔木或非丛生灌木地面上部与分枝点之间的部分，上承树冠，下接根系。

主枝：自主干生出，构成树型骨架的粗壮枝条。

侧枝：自主枝生出的较小枝条。

小侧枝：自侧枝上生出的较小枝条。

春梢：初春至夏初萌发的枝条。

园林植物养护管理：对园林植物采取灌溉、排涝、修剪、防治病虫、防寒、支撑、除草、中耕、施肥等技术措施。

整形修剪：用剪、锯、疏、扎、绑等手段，使植物生长成特定形状的技术措施。

冬季修剪：自秋冬至早春植物休眠期内进行的修剪。

夏季修剪：在夏季植物生长季节进行的修剪。

伤流：树木因修剪或其他创伤，造成伤口处流出大量树液的现象。

短截：在枝条上选留几个合适的芽后将枝条剪短，达到减少枝条、刺激侧枝萌发新梢的目的。

回缩：在树木二年以上生枝条上剪截去一部分枝条的修剪方法。

疏枝：将树木的枝条贴近地面剪除的修剪方法。

摘心、剪梢：将树木枝条减去顶尖幼嫩部分的修剪方法。

施肥：在植物生长发育过程中，为补充所需各种营养元素而采取的肥料施用措施。

基肥：植物种植或栽植前，施入土壤或坑穴中作为底肥的肥料，多为充分腐熟的有机肥。

追肥：植物种植或栽植后，为弥补植物所需各种营养元素的不足而追加施用的肥料。

病虫害防治：对各种植物病虫害进行预防和治疗的过程。

人工防治病虫害：针对不同病虫害所采取的人工防治方法，主要包括饵料诱杀、热处理、阻截上树、人工捕捉、挖蛹、摘除卵块虫包、剔除虫卵、刺杀蛀干害虫以及结合修剪剪除病虫枝、摘除病叶病梢、刮除病斑等措施。

除草：植物生长期间人工或采用除草剂去除目的植物以外杂草的措施。

灌溉：为调节土壤温度和土壤水分，满足植物对水分的需要而采取的人工引水浇灌的措施。

排涝：排除绿地中多余积水的过程。

返青水：为使植物正常发芽生长，在土壤化冻后对植物进行的灌溉。

冻水：为使植物安全越冬，在土壤封冻前对植物进行的灌溉。

冠下缘线：由同一道路中每株行道树树冠底部边缘线形成的线条。

（二）养护管理的意义

园林树木所处的各种环境条件比较复杂，各种树木的生物学特性和生态习性各有不同，因此为各种园林树木创造优越的生长环境，满足树木生长发育对水、肥、气、热的需求，防治各种自然灾害和病虫害对树木的危害，通过整形修剪和树体保护等措施调节树木生长和发育的关系，并维持良好的树形，使树木更适应所处的环境条件，尽快持久地发挥树木的各种功能效益，将是园林工作一项重要而长期的任务。

园林树木养护管理的意义可归纳为以下几个方面：

①科学的土壤管理可提高土壤肥力，改善土壤结构和理化性质，满足树木对养分的需求。

②科学的水分管理可以使树木在适宜的水分条件下，进行正常的生长发育。

③施肥管理可对树木进行科学的营养调控，满足树木所缺乏的各种营养元素，确保树木生长发育良好，同时达到枝繁叶茂的绿化效果。

④及时减少和防治各种自然灾害、病虫害及人为因素对园林树木的危

害，能促进树木健康生长，使园林树木持久地发挥各种功能效益。

⑤整形修剪可调节树木生长和发育的关系，并维持良好的树形，使树木更好地发挥各种功能效益。

俗话说“三分种植，七分管理”，这就说明园林植物养护管理工作的重要性。园林植物栽植后的养护管理工作是保证其成活、实现预期绿化美化效果的重要措施。为了使园林植物生长旺盛，保证正常开花结果，必须根据园林植物的生态习性和生命周期的变化规律，因地、因时地进行日常的养护管理，为不同年龄、不同种类的园林植物创造适宜生长的环境条件。土、水、肥等养护与管理措施，可以为园林植物维持较强的生长势、预防早衰、延长绿化美化观赏期奠定基础。因此，做好园林植物的养护管理工作，不但能有效改善园林植物的生长环境，促进其生长发育，而且也对发挥其各项功能效益，达到绿化美化的预期效果有重要意义。园林植物的养护管理严格来说应包括两方面内容。

①“养护”，即根据各种植物生长发育的需要和某些特定环境条件的要求，及时采取浇水、施肥、中耕除草、修剪、病虫害防治等园艺技术措施。

②“管理”，主要指看管维护、绿地保洁等管理工作。

（三）养护管理的内容

园林树木养护管理的主要内容包括园林树木的土壤管理、施肥管理、水分管理、光照管理、树体管理、园林树木整形修剪、自然灾害和病虫害及其防治措施、看管围护以及绿地的清扫保洁等。

（四）园林绿化养护管理质量标准

根据园林绿地所处位置的重要程度和养护管理水平的高低，园林绿化的养护管理可分成不同等级，由高到低分别为一级养护管理、二级养护管理和三级养护管理三个等级。

1. **园林绿化一级养护管理质量标准**

①绿化养护技术措施完善、管理得当，植物配置科学合理，达到黄土不露天。

②园林植物生长健壮。新建绿地各种植物两年内达到正常形态。园林树木树冠完整美观、分枝点合适、枝条粗壮、无枯枝死杈；主侧枝分布匀称、数量适宜、修剪科学合理、通风透光。花灌木开花及时、株形饱满、花后修剪及时合理。绿篱、色块等修剪及时、枝叶茂密整齐。行道树无缺株，绿地内无死树。

落叶树新梢生长健壮，叶片形态、颜色正常。一般条件下，无黄叶、蕉叶、卷叶，正常叶片保存率在 95% 以上。针叶树针叶宿存 3 年以上，结果枝条在 10% 以下。花坛、花带轮廓清晰、整齐美观、色彩艳丽、无残缺、无残花败叶。草坪及地被植物整齐，覆盖率 99% 以上，草坪内无杂草。草坪绿色期：冷季型草不得少于 300 天，暖季型草不得少于 210 天。

病虫害控制及时，园林树木无蛀干害虫活卵、活虫；园林树木主干、主枝上平均每 100 cm^3 介壳虫的活虫数不得超过 1 只，较细枝条上平均每 30 cm^3 不得超过 2 只，且平均被害株数不得超过 1%。叶片无虫粪、虫网，虫食叶片每株不得超过 2%。

③垂直绿化应根据不同植物的攀缘特点，及时采取相应的牵引、设置网架等技术措施，观察攀缘植物生长习性，覆盖率不得低于 90%。开花的攀缘植物应适时开花，且花繁色艳。

④绿地整洁、无杂挂物、绿化生产垃圾（如树枝、树叶、草屑等）和绿地内水面杂物，重点地区随产随清，其他地区日产日清，及时巡视保洁。

⑤栏杆、园路、桌椅、路灯、井盖和牌示等园林设施完整安全，维护及时。

⑥绿地完整，无堆物、堆料、搭棚，树干无钉镌刻画等现象。行道树下距树干 2 m 范围内无堆物、无堆料、圈栏或搭棚设摊等影响树木生长和养护管理的现象。

2. 园林绿化二级养护管理质量标准

①绿化养护技术措施比较完善，管理得当、植物配置合理、基本达到黄土不露天。

②园林植物生长正常。新建绿地各种植物 3 年内达到正常形态。园林树木树冠基本完整。主侧枝分布匀称、数量适宜、修剪合理、通风透光。花灌木开花及时、正常，花后修剪及时；绿篱、色块枝叶正常，整齐一致。行道树无缺株，绿地内无死树。

落叶树新梢生长正常，叶片大小、颜色正常。在一般条件下，黄叶、蕉叶、卷叶和带虫粪、虫网的叶片不得超过 5%，正常叶片保存率在 90% 以上。针叶树针叶宿存 2 年以上，结果枝条不超过 20%。花坛、花带轮廓清晰、整齐美观、适时开花、无残缺。草坪及地被植物整齐一致，覆盖率 95% 以上。除缀花草坪外，草坪内杂草率不得超过 2%。草坪绿色期：冷季型草不得少于 270 天，暖季型草不得少于 180 天。

病虫害控制及时，园林树木有蛀干害虫危害的株数不得超过 1%；园林树木的主干、主枝上平均每 100 cm^3 的介壳虫的活虫数不得超过 2 只，较细枝条上平均每 30 cm^3 不得超过 5 只，且平均被害株数不得超过 3%。叶片无虫粪，虫咬叶片每株不得超过5%。

③垂直绿化应根据不同植物的攀缘特点，采取相应的牵引、设置网架等技术措施，观察攀缘植物生长习性，覆盖率不得低于80%，开花的攀缘植物能适时开花。

④绿地整洁，无杂挂物，绿化生产垃圾（如树枝、树叶、草屑等）绿地内水面杂物应日产日清，做到保洁及时。

⑤栏杆、园路、桌椅、路灯、井盖和牌示等园林设施完整、安全，基本做到维护及时。

⑥绿地完整、无堆物、堆料、搭棚、树干无钉镌刻画等现象。行道树下距树干2 m范围内无堆物、堆料、搭棚、设摊、围栏等影响树木生长和养护管理的现象。

3. 园林绿化三级养护管理质量标准

①绿化养护技术措施基本完善，植物配置基本合理，裸露土地不明显。

②园林植物生长正常，新建绿地各种植物4年内达到正常形态。园林树木树冠基本正常，修剪及时，无明显枯枝死杈。分枝点合适，枝条粗壮，行道树缺株率不超过1%，绿地内无死树。落叶树新梢生长基本正常，叶片大小、颜色正常。正常条件下，黄叶、蕉叶、卷叶和带虫粪、虫网叶片的株数不得超过10%，正常叶片保存率在85%以上。针叶树针叶宿存1年以上，结果枝条不超过50%。花坛、花带轮廓基本清晰、整齐美观、无残缺。草坪及地被植物整齐一致，覆盖率90%以上。除缀花草坪外，草坪内杂草率不得超过5%。草坪绿色期：冷季型草不得少于240天，暖季型草不得少于160天。

病虫害控制比较及时，园林树木有蛀干害虫危害的株数不得超过3%；园林树木主干、主枝上平均每100 cm^3 介壳虫的活虫数不得超过3只，较细枝条上平均每30 cm^3 不得超过8只，且平均被害株数不得超过5%。虫食叶片每株不得超过8%。

③垂直绿化能根据不同植物的攀缘特点，采取相应的技术措施，观察攀缘植物生长习性，覆盖率不得低于70%。开花的攀缘植物能适时开花。

④绿地基本整洁，无明显杂挂物。绿化生产垃圾（如树枝、树叶、草屑等）、绿地内水面杂物能日产日清，能做到保洁及时。

⑤栏杆、园路、桌椅、路灯、井盖和牌示等园林设施基本完整，能进行维护。

⑥绿地基本完整，无明显堆物、堆料、搭棚，树干无钉镌刻画等现象。行道树下距树干2 m范围内无明显的堆物、堆料、围栏或搭棚设摊等影响树木生长和养护管理的现象。

二、园林绿化施工

（一）园林绿化栽植施工原则

绿化植树工程是一种以具有生命的绿色植物材料为主要对象的工程，因此，绿化植树工程及施工技术与一般工程有很大的差别。植树工程是绿化工程的主体，它是指按照正式的园林设计及施工计划，完成某一地区的全部或局部的树木栽植施工。

为确保植树工程任务的完成，必须遵循以下施工原则：

①必须符合规划设计要求；

②植树技术必须符合树木的生活习性，做到适地适树；

③不失时机地把握植树季节，合理安排工期，做到“三随”，合理安排种植顺序；

④加强经济核算，提高经济效益和社会效益；

⑤严格执行植树工程的操作规程和技术规范。

（二）树木栽植的基本环节

园林绿化树木栽植包括起苗、运输、种植及栽后管理四个基本环节。根据树木栽植成活原理，植树的时期应选择在蒸腾量小和有利于根系及时恢复、保证水分代谢平衡的时期。一般秋季落叶后至春季萌芽前为最佳时期。

（三）植树工程的施工工序

1. 定点放线

（1）行道树的定点放线

道路两侧或行列式栽植的树木，称为行道树。要求栽植位置准确、株行距相等。一般是按设计断面定点。在已有路牙的道路上以路牙为依据，无路牙的则应找出准确的道路中心线，并以此为定点依据。

（2）成片绿地的定点、放线

根据设计图纸定出植树位置。先定点大树、骨架树、乔木、花灌木、地被等。

2. 挖种植穴

①土壤是植树工程的基础，是苗木赖以生存的物质环境。

②种植穴位置必须准确，标志明显。

③定点标志应标明树种名称（或代号）、规格。

④行道树定点遇有障碍物影响株距的，应与设计单位取得联系，进行适当调整。

⑤乔木种植穴规格见表 3-1。

表3-1 常绿乔木类种植穴规格 cm

树高	土球直径	种植穴深度	种植穴直径
150	40~50	50~60	80~90
150~250	70~80	80~90	100~110
250~400	80~100	90~110	120~130
400以上	100~140	100~120	130~160

⑥在土层干燥地区应于种植前灌水浸穴。

3. 起苗

①裸根起苗：适合处于休眠状态的落叶乔、灌木。此法保存根系较完整，便于操作，节省人力、运输和包装材料，但由于根部裸露，容易失水干燥，弱小根系易受损伤，根部恢复生长需较长时间。

②带土球起苗：移植树木时随原生长地的一部分土壤，挖削成球状，用蒲包、草绳或其他轻材料包装。此种方法由于在土球范围内根部不受损伤，并保留一部分已适应原生长特性的土壤，同时减少了移植过程中水分的损失，对恢复生长有利。

③起苗前的准备工作：起苗前要做好选好苗木、土地干湿度调查、用草绳拢冠、准备工具材料、试起等工作。

④苗木应根系发达，生长茁壮，无病虫害，规格及形态应符合设计要求。

⑤苗木挖掘、包装应符合现行行业标准《园林绿化木本苗》（CJ/T 24—2018）的规定。

4. 苗木运输和假植

①苗木运输量应根据种植量确定，苗木运到现场后应及时栽植。

②苗木在装卸车时应轻吊轻放，不得损伤苗木和造成散球。

③起吊带土球（台）的小型苗木时应用绳网兜将土壤吊起，不得用绳索缚捆根茎起吊。

④土球苗木装车时，应按车辆行驶方向，将土壤向前、树冠向后码放整齐。

⑤裸根乔木长途运输时，应覆盖并保持根系湿润。装车时应按顺序码放整齐；装车后应将树干捆牢，并应加垫层防止磨损树干。

⑥裸根苗必须当天种植。裸根苗木自起苗开始，暴露时间不宜超过8 h，当天不能种植的苗木应进行假植。

⑦带土球小型花灌木运至施工现场后，应紧密排码整齐，当日不能种植的，应喷水保持土壤湿润。

⑧珍贵树种和非植树季节所需苗木，应在合适的季节起苗，并用容器假植。

5. 苗木的修剪

园林树木的种植修剪由种植前和种植后修剪两个阶段组成。

（1）修剪的目的

便于挖掘和搬运，提高成活率，调节矛盾，推迟物候期、增强生长势，减少病虫害。

（2）修剪的操作规范

①种植前应进行苗木根系修剪，宜将劈裂根、病虫根、过长根剪除，并对树冠进行修剪，保持地上地下平衡。

②乔木类修剪应符合下列规定：

具有明显主干的高大落叶乔木应保持原有树形，适当疏枝，对保留的主侧枝应在健壮芽上短截，可剪去枝条的1/5~1/3。

枝条茂密且具有圆头形树冠的常绿乔木可适量疏枝。枝叶集生于树干顶部的苗木可不修剪。具轮生侧枝的常绿乔木用作行道树时，可剪除基部2~3层轮生侧枝。

常绿针叶树不宜修剪，只剪除病虫枝、枯死枝、生长衰弱枝、过密的轮生枝和下垂枝。

用作行道树的乔木，定干高度宜大于3 m，第一分枝点以下枝条应全部剪除，分枝点以上枝条酌情疏剪或短截，并应保持树冠原型。

珍贵树种的树冠只宜进行少量疏剪。

（3）灌木及藤蔓类的修剪

①带土球或湿润地区带宿土裸根苗木及上年花芽分化的开花灌木不宜修剪，当有枯枝、病虫枝时应予剪除。

②枝条茂密的大灌木，可适量疏枝。

③对嫁接灌木，应将接口以下砧木萌生枝条剪除。

④分枝明显、新枝着生花芽的小灌木，应顺其树势适当强剪，促生新枝，更新老枝。

⑤用作绿篱的乔灌木，可在种植后按设计要求整形修剪。苗圃培育成

型的绿篱，种植后应加以整修。

⑥攀缘类和蔓性苗木可剪除过长部分。攀缘上架苗木可剪除交错枝、横向生长枝。

（4）园林树木整形修剪方法

①短截：将一年生枝条剪去一部分。作用：增加分枝，促进花芽分化；调节枝势平衡。种类：轻短剪，中短剪，重短剪，极重短剪。

②回缩：将多年生枝剪去一部分。作用：抑制旺枝生长，更新复壮。

③疏剪：从枝条分枝点基部剪去。一年生枝—基部多年生枝—分枝点。

（5）苗木修剪质量标准

①剪口应平滑，不得劈裂。

②枝条短截时应留外芽，剪口应距留芽位置以上 1 cm 左右。

③修剪直径 2 cm 以上大枝及粗根时，截口必须削平并涂防腐剂。

④剪口与剪口芽距离一般在 0.5~1.0 cm。过长：干枯形成残桩。过短：剪口芽易失水干枯。

（6）修剪程序

应按照“由外及里、由上到下”的顺序修剪。

应按照“一知、二看、三剪、四拿、五处理、六保护”的程序操作。

一知：参加施工修剪的人员，应明确修剪原则，知道操作规程、技术规范及特殊要求。

二看：修剪前先绕树观察，对树木的修剪方法做到心中有数。

三剪：根据因地制宜、因树修剪的原则，做到合理修剪。

四拿：及时清运修剪下来的枝条，保证环境整洁。

五处理：剪下的枝条要及时处理，防止病虫害蔓延。

六保护：疏除大枝、粗枝时，应保护树体。

6. 苗木种植

①苗木种植应根据树木的习性和气候条件，选择最适宜的种植时期进行种植。一般为春季和秋季。

②种植的质量应符合下列规定：

种植应按设计图纸要求核对苗木品种、规格及种植位置。

规则式种植应保持对称平衡，行道树或行列种植树木应在一条线上，相邻植株规格应合理搭配，高度、干径、树形近似，种植的树木应保持直立，不得倾斜，应注意观赏面的合理朝向。

种植绿篱的行距应均匀。树形丰满的一面应向外，按苗木高度、树干大小均匀搭配，在苗圃修剪成型的绿篱，种植时应按造型拼栽，深浅一致。

种植带土球树木时，不易腐烂的包装物必须拆除。

珍贵树种应采取树冠喷雾、树干保湿和树根喷布生根激素等措施。

种植时，根系必须舒展，填土应分层踏实，种植深度应与原种植线一致。竹类可比原种植线深 5~10 cm。

③树木种植应符合下列规定：

树木种植穴前，应先检查种植穴大小及深度，不符合根系要求时，应修整种植穴。

种植裸根树苗时，应将种植穴底填土，呈半圆土堆，放入树木填土至 1/3 时，应轻提树干使根系舒展，并充分接触土壤，随填土分层踏实。

带土球树苗必须踏实穴底土层，而后放入种植穴，填土踏实。

绿篱成块种植或群植时，应由中心向外顺序退植。坡式种植时由上向下种植。大型块植或不同色彩丛植时，宜分区分块种植。

④落叶乔木在非种植季节种植时，应根据不同情况分别采取以下技术措施：

苗木必须提前采取疏枝，环状断根或在适宜季节起苗用容器假植等方式处理。

苗木应进行强修剪，剪除部分侧枝，保留的侧枝也应疏剪或短截，并应保留原树冠的 1/3，同时必须加大土壤体积。

可摘叶的应摘去部分叶片，但不得伤害幼芽。

夏季可搭棚遮阴、树冠喷雾、树干保湿、保持空气湿润，冬季应防风防寒。

⑤干旱地区或干旱季节，种植裸根树木应采取根部喷布生根激素、增加浇水次数等措施。针叶树可在树冠喷洒聚乙烯树脂等抗蒸腾剂。

⑥对排水不良的种植穴，可在穴底铺 10~15 cm 沙砾或铺设渗水管、盲沟，以利排水。

⑦树木种植后浇水、支撑固定应符合下列规定：

种植后应在略大于种植穴直径的周围，筑成高 10~15 cm 的灌水土堰，堰应筑实，不得漏水。

新植树木应在当日浇透第一遍水，以后应根据天气情况及时补第二遍水、第三遍水，补水后及时封穴。

粒性土壤宜适量浇水，根系不发达树种浇水量宜较多；肉质根系树种浇水量宜少。

秋季种植的树苗，浇足水后可封穴越冬。

干旱地区或遇干旱天气时，应增加浇水次数。干热风季节，应对新发芽放叶的树冠喷雾，宜在上午10时前和下午3点后进行。

浇水时应防止因水流过急冲裸露根系或冲毁围堰，造成跑漏水。浇水后出现土壤沉陷，致使树木倾斜时，应及时扶正、培土。

浇水渗下后，应及时用围堰土封树穴。再筑堰时，不得损伤根系。

对人员集散较多的广场人行道，树木种植后，种植池应铺设透气护栅。

种植胸径8 cm以上的乔木，应设支柱或支架固定。支撑应牢固，绑扎树木处应夹垫物，绑扎后的树干应保持直立。

攀缘植物种植后，应根据植物生长需要，进行绑扎或牵引。

7. 防寒

常用的防寒措施有灌冻水覆土、根部培土、扣筐扣盆、架风障、涂白喷白、春灌、培月牙形土堆等。

8. 防止风灾措施

①修剪：树冠过于浓密高大者，应适当加以修剪，以利于通风、减轻负荷。

②培土：栽植较浅的树木，可以加厚根部培土。

③支撑：必要时在下风方向立木棍或水泥桩等支撑物。

9. 中耕、除草

杂草丛生会影响树木的正常生长，而且有碍观瞻，应把杂草及时连根除掉，埋入土中，腐烂成肥料。没有杂草的地方，也要适时将土壤表面锄松，以提高土壤透气性和保墒能力。

10. 围护和隔离

对于新移植的树木，尤其是大树，为防止人与机械碰撞、践踏，导致土壤板结，应该用栅栏、围篱加以围护。为了不影响美观，围篱宜适当低矮一些，或做成造型别致、色彩淡雅的矮栏，也可以用绿篱来维护。

11. 其他措施

①对新栽幼树、珍贵树种要防止日灼。

②定期喷水洗尘，改善光合作用。

③随时挖、伐因树势衰老、病虫侵袭、机械损伤、人为破坏而死亡的树木。

（四）大树移植的施工

1. 大树移植的特点

正常生长的大树，在移植之前其根系正处于离心生长过程中，骨干根基部的吸收根大部分离心死亡，有的甚至已达到最大限幅，停止生长。具有吸收能力的新生根系主要分布在树冠投影的邻近区域，若采取带土球移植，这样的体积根本无法保证大树在到达目的地时存活。也就是说，采用一般土球移植的技术，在挖掘范围内具有生命力的根系几乎不存在。如果强行移植，只能导致大树水分代谢平衡的严重失调，最终死亡。大树在绿地中一般孤植观赏，要求树冠保持优美姿态，并生长旺盛，尽早发挥绿化效果，在移植前绝大多数已经经过重新修剪，因此只能在所带土球范围内，使用预先促发大量新根的方法来为代谢平衡打基础。为提高成活率，大树移植过程中还要与其他移栽措施相结合。

另外，大树移植的主要特点是大树具有庞大的身躯且自重大，在移植过程中操作困难，常常需要借助机械力量，耗费大量的人力、物力，这也是它与移植一般苗木的最大区别。

2. 大树移植前的准备工作

（1）选树

大树具有成形、成景、绿化见效快的优点，但是种植困难、成本高，在设计上把大树设计在重点绿化景观区内，能够起到画龙点睛的作用。选树时，要善于发掘具有其特点的树种，对树种移植也要进行设计，安排大树移植的步骤、线路、方法等，这样才能保证大树的移植达到较好的效果。

进行大树移植要了解以下几个方面，包括树种、年龄时期、干高、胸径、树高、冠幅、树形，尤其是树木的主要观赏面，要进行测量记录，并且摄像。

①树种。

对所选择的树种要充分了解其生长习性及生态特性，并保存留档，树木成活的难易程度和生命周期的长短也要做详细记录。有些树种萌芽和再生能力强，移植成活率高，如杨、柳、梧桐、悬铃木、榆树、朴树等；有的萌芽和再生能力较弱，移植成活率较低，如白皮松、雪松、圆柏、柳杉等，最难成活的如云杉、冷杉、金钱松、胡桃等。不同树种生命周期的长短存在很大差异，生命周期短的大树移植时需要花费较高成本，然而树体移植后就开始进入衰老阶段，并不能达到理想的效果。因此，大树移植要选择寿命长、再生能力强的树种，即便规格很大，但种植后可以延续较长的时间，能够达到较好绿化的效果。

②树体。

大树移植的成本高，花费大，为降低耗费更要保证成活率，因此在选树时要考虑以下几点：

选好树相。大树移植工作完成后应能较快体现景观效果，树形不好的树木往往不予选择。因此移植前必须考虑树相，如栽植行道树，应选择树干挺直、树冠丰满、遮阴效果佳，具有较高分支点的树种；选择庭荫树，在满足上述条件的同时，对树姿要求也比较严格。

树体规格大小适宜。树体小，种植后美化效果不佳，需要较长时间才能满足需要，但这并不代表树体规格越大越好。规格越大，起苗、运输、栽植的费用就越高，而且树体越大适应能力就越差，恢复移植前的生长水平就越困难。除此之外，栽植后养护管理成本也会随着树木规格而上升。

选择长势好并且年龄小的树木。处于青壮年时期的树木，细胞组织结构处于旺盛阶段，在环境条件良好的地方生长健壮。移植以后，尽管树体会遭到较为严重的伤害，但树体健壮，能快速融入新的生长环境，而且根系再生能力旺盛，具有在短时间内迅速恢复生长的潜能，因此移植的成活率高，成景效果好。由此可见，选择苗木时还要抓住树木年龄结构，选择能够使绿化环境快速形成、长期稳定，达到最优生态效果的树种，速生树种以 10~20 年生为宜，慢生树种应选 20~30 年生，一般树木以胸径在 15~25 cm 的范围内、树高在 4 m 以上为宜。

就近选择有利于保证成活率。大树移植首先要考虑树种对周围环境的适应能力，就是同一树种在不同地区生态性也各不相同，只有树种的生长习性与移植地的生态环境相适应，才能保证较高的成活率，实现其景观价值。因此在移植大树时，应因地制宜，以乡土树种为主，尽量避免远距离调运大树，这样可以提高树木对生态环境的适应能力，从而达到较高的成活率，还能降低成本，提高经济效益。

（2）资料准备

大树移植前必须了解以下资料：

①树木品种、树龄、定植时间、历年来养护管理情况，此外还要了解当前的生长状况、生枝能力、病虫害情况、根部生长情况，若根部情况不能掌握要进行探根处理。

②对树木生长和种植地环境调查，分析树木与建筑物、架空线、共生树木之间的空间关系，营造施工、起吊、运输环境等条件。

③了解种植地的土质状况，研究地下水位、地下管线的分布，创造合理的生长环境条件，保证树木移植之后能够健康生长。

（3）制定移植方案

根据以上准备的资料，制定移植方案，具体内容包括以下几项：种植季节，切根处理，修剪方法和修剪量，挖穴、起树、运输、种植技术与要求，支撑与固定，材料、机具准备，养护管理，应急救护及安全措施等。

（4）断根缩坨

断根缩坨也称回根法，古代称为盘根法。保证大树移植成活的关键是，挖掘土壤要具有大量的吸收根系。因此，大树移植在挖苗的前几年，就需要采取断根缩坨的措施，只保留起苗范围以内的根系，从而利用根系所具有的再生能力，进行断根刺激。利用这种方法使主要的吸收根缩回到主干根附近，促使树木形成紧凑、密集的吸收根系，同时还能有效地减少土球体积及质量，降低移植成本。树木断根缩坨一般控制在1~3年完成，采取分段式操作，以根茎为中心，以胸径的3~4倍为半径在干周画圆圈，选相应的 2~3 个方向挖宽 30~40 cm、深 60~80 cm 的沟，下面遇粗根时应沿沟内壁用枝剪和手锯切断，将伤口修整平滑后，还要涂上保护材料加以保护。为防止根系腐烂，还可用酒精喷灯将切断根系烧成炭化状，对于发根困难的树种，还可以用涂生根粉的方法促进其愈合生根。断根工作完成以后，将挖出土壤清理干净并混入肥料后，重新填入沟内，浇水渗透，随后在地表覆盖一层松土，松土要高于地面，为促进大树生根还要定期浇水。第二年再利用同样的方法在另外 2~3 个方向挖沟断根，若苗木生长正常，第三年时即可挖出移植。在一些地方，如果环境条件允许也可分早春、晚秋两次进行断根缩坨，第二年移植，虽然这种方法耗时较少，但同样会有不错的效果。

然而在实际工作中，很多地方绿化移植大树缺乏长远计划，为了满足当前利益，在移植中很少采取此种措施，从而导致树木生长不良，有的甚至出现死亡的现象。

（5）平衡修剪

树体地下部分和地上部分对水分的吸收与蒸腾是否能够达到平衡，是影响大树移植成活的关键。因此，为保证大树成活，还要促进须根的生长，移植前对树冠进行修剪，适当减少枝叶量。树冠的修剪常以疏枝为主、短截为辅，修剪强度应综合考虑多种因素，如树木种类、移植季节、挖掘方式、运输条件、种植地条件等。一般常绿树种可轻剪，落叶树宜重剪；有的树种再生能力强，生长速度快，如悬铃木、杨、柳等，可适当进行重剪，而有些树种再生能力弱、生长速度慢，如银杏和大部分针叶树等，则应轻剪，有的甚至不剪；在非适宜季节移植的树木应重剪，而正常移植季节则可轻剪；萌芽力强、树龄大、规格大、叶薄而稠密的修剪量可大些，而萌芽力不强、树龄小、规格小、叶厚而稀疏的可根据情况适当减小。对某些特定的树种，对树形要求严格，如塔松、白玉兰等，修剪强度要根据具体需要而定，可以根据实际情况只剪除枯枝、病虫枝、扰乱树形的枝条，这样在满足树形要求的同时，还能保证树木的成活率。

大树移植修剪要遵循以下原则：一般的落叶树可进行强截，但要多保留生长枝和萌生的强枝，修剪量可达 3/5~9/10；修剪常绿阔叶树时，可以采用收冠的方法，截去外围枝条，适当抽稀树冠内部不必要的弱枝，多留较为强壮的萌生枝，修剪量可达 1/3~3/5；针叶树以疏树冠外围枝为主，修剪量可达 1/5~2/5。适宜季节移植的大树修剪时修剪量取前限，而非适宜季节移植及特殊情况下则采取后限。目前，树木移植进行树冠修剪主要采用以下三种方法：

①全株式。为避免破坏景观效果，需完全保留树冠原始形态，只修剪树体内的徒长枝、交叉枝、病虫枝、枯死枝等。这种修剪方式适用于常绿树种和珍贵树种，如雪松、云杉、乔松、玉兰等。

②截枝式（也称为鹿角状截枝）。针对保留树冠的大小、运输便利、栽植方便的树种，将树木的一级分枝或二级分枝保留，以上部分截除。生长发枝中等的落叶树种以及需要通过修剪确保成活，短时间达到良好景观效果的苗木常采用该方式。

③截干式。截干式是指将主干上部整个树冠截除，只保留根与主干的修剪方式，是修剪生长速度快、发枝强的树种经常采用的修剪方式。目前城市中落叶树种大树移植，尤其是北方落叶树种大树移植应用该法更为广泛。该修剪方式的优点是成活率高，但需要一定时间才能恢复到较为理想的景观状态。

3. 大树移植的技术措施

（1）移植季节

①落叶树栽植应在 3 月左右进行，常绿树应在树木开始萌动的 4 月上中旬进行移植。

②不论常绿树种还是落叶树，凡没有在以上时间移植的树木均以非正常移植对待，养护管理则根据非季节移植技术处理。

严格来讲，大树移植一般所带土球体积都比较大，在施工过程中必须按照执行操作规程严格进行，并注意栽植后的养护管理。按理说，在任何时间都可以进行大树移植工作，但在实际操作过程中，最佳移植时间是早春，因为随着天气变暖，树液开始流动，树木开始生长、发芽，如果在这个时间挖苗，对根系损伤程度较低，而且有利于受伤根系的愈合与生长；苗木移植后，经过从早春到晚秋的正常生长，移植过程中受到伤害的部分也完全恢复，有利于树木躲避严寒，顺利过冬。在春季树木开始发芽而树叶还没全部长成以前，树木的蒸腾作用还未达到旺盛时期，此时采取带土球技术移植大树，尽量缩短土壤在空气中的暴露时间，并加强栽后养护工作，也能保证大树较高的成活率。盛夏季节，由于树木的蒸腾量大，在此季节对大树移植往往成活率较低，必要时可加大土球，增加修剪、遮阴等技术措施，尽量降低树木的蒸腾量，也可以保证大树的成活率，但花费较高。南方梅雨季节，空气中的湿度较大，这样的环境有利于带土球移植一些针叶树种。深秋及初冬季节，从树木开始落叶到气温不低于 –15 ℃这一段时间，也可以进行大树移植工作。虽然这段时间大树地上部分已经进入休眠阶段，但地下根系尚未完全停止活动，移植时损伤根系还可以利用这段时间愈合复原，为第二年春季发芽创造有利条件。南方地区，特别是那些常年气温不是很低且湿度较大的地区，一年四季均可移植，而且部分落叶树还可以采取裸根移植法。

（2）起掘前的准备工作

①浇水。为避免挖掘时土壤过干而使土壤松散，应在移植前1~2天，根据土壤干湿程度对移植树木进行适当浇水。

②定位。定植前应根据树冠的形态做好定位工作，以满足种植后要达到的景观效果。

③扎冠。为缩小树冠伸展面积，方便挖掘，同时避免折损枝条，应在挖掘前对树冠进行捆扎，扎冠顺序应由上至下、由内至外，依次收紧。大树扎缚处要垫橡皮等软物，不可以强硬地拉拽树木。树干、主枝用草片进行包扎后，挖出前必须拉好防风绳，其中一根必须在主风向，其他两根可均匀分布。

（3）移植方法

当前较常使用的大树移植挖掘和包装方法主要有以下几种。

①移植机移植法。大树移植机是一种安装在卡车或拖拉机上的装有操纵尾部四扇能张合的匙状大铲的移树机械。目前生产的移植机，主要适用于移植胸径25 cm以下的乔木。移植时应先用四扇匙铲在栽植点确定好预先测定尺寸大小的坑穴，随即将匙铲扩张至适宜大小向下铲，直至匙铲相互合并，等抱起土块呈圆锥形后收起，即完成挖穴操作。为便于起树操作，应根据情况把有碍施工的干基枝条预先进行铲除，随后用草绳捆拢松散枝条。移植机停在适合挖掘树木的位置，张开匙铲围在树干四周一定位置，开机下铲，直至相互合并，收提匙铲，将树抱起，树梢向前，匙铲在后，横卧于车上，即可开到预先安排好的栽植点。直接对准位置放正，放入事

先挖好的坑穴中，填土入缝，整平做堰，灌足水即可。对于交通方便、远距段的平坦圃地采用移植机移植，可以提高效率。采用移植机移植与传统的大树移植相比，其优点在于使原来分步进行的众多环节连为一体，如挖穴、起树、吊、运、栽等，使之成为真正意义上的随挖、随运、随栽的流水作业，并免去许多费工的辅助操作，在今后大树移植工作中将广为应用。

②冻土移植法。在土壤冻结期进行大树移植，所挖土球可以不用进行包装操作，可利用冻结河道或泼水冻结的平整土地，只用人畜便可拉运的一种方法，适用于我国北方寒冷地区。由于冻土移植法是在冬闲时间进行，不仅可以节省时间，而且可以减轻包装和运输压力。此法适用于当地耐寒乡土树种，对于冬季土壤冻结不深的地区，要预先用水对根系部分进行灌注，直至土壤冻结深度达 20 cm 时，才可开始挖掘土球。挖好的树，如短期内不能栽完，应用枯草落叶进行覆盖，避免晒化或寒风侵袭造成根系破坏。苗木运输应选河道充分冻结时期，若需在地面上运输还应事先修平泥土地，选择泼水之后能够迅速冻结的时期或利用夜间低温时泼水形成冰层，从而减少拖拉的摩擦阻力。

③大树裸根移植法。大树裸根移植法适用于移植容易成活，主干直径在 10~20 cm 的落叶乔木，如杨、柳、槐、银杏、合欢、柿、乌桕、漆树、元宝枫等。裸根移植大树必须在落叶后至萌芽前这一段时间进行。有些树种仅宜春季进行移植，土壤冻结期不宜进行。对潜伏芽寿命长的树木，地上部分除留一定的主枝、副主枝外，可对树冠进行重新修剪，但慢长树不可修剪过重，以免对移栽后的效果造成影响。将大树挖掘出来以后，用尖镐由根茎向外去土，注意尽量减少对树皮和根的影响。过重的宜用起重机吊装，其他要求同一般裸根苗，要特别注意保持根部的湿润。未能及时定

植应假植，但时间不能过长，以免对成活率造成影响。栽植穴深度应比根幅大 20~30 cm。栽植时应使用立柱，其他养护措施同裸根苗。萌芽后应注意选留合适枝芽培养树形，其他不必要的部分要剥去。

④软材料包装移植法。软材料包装移植法主要在挖掘圆形土球，树木胸径在 10~15 cm 或稍大一些的常绿乔木时采用。

⑤土木箱移植法。土木箱移植法适用于挖掘方形土台，树木胸径在 15~25 cm 的常绿乔木。

三、园林绿化养护存在的问题及处理方法

1. 人为破坏绿化

人为破坏园林绿化的行为多种多样：施工单位未经城市绿化行政主管部门批准，擅自占用绿地埋设地下管线；施工单位擅自砍伐树木；商铺经营者擅自修剪门前的树木；商铺经营者故意剥掉门前树木的树皮；等等。

对侵占绿地、乱砍滥伐和损坏树木等破坏绿化的行为要坚决制止，并及时报请城市绿化行政主管部门查处。

2. 乱摆乱卖

商贩在绿地上摆摊经营，既影响环境卫生，又损坏绿化。对这种占绿经营的行为要制止，必要时可邀请城市管理执法部门配合清理。

3 车辆乱停放

将车辆停放在园林绿地上，既损坏地形地貌，又会对植物造成严重的伤害。对这种破坏绿化的行为要坚决制止。

4. 人为践踏绿地

行人贪图方便，在绿地中穿行，导致“黄土露天”，影响景观。

在日常养护过程中，应根据具体情况，有针对性地采取适当措施防止人为践踏绿地。

方法一：护。具体做法是在行人经常穿行的绿地中安装护栏，同时恢复绿化。

方法二：疏。因公园绿地内道路设置不合理，导致人们习惯地在公园内某一线路上穿行，形成了既成事实的园路，这是普遍存在的问题。针对这种情况，应顺应人们的习惯性需求，将该线路铺设为规范的园路。

5. 行人违规横穿道路绿化带

行人贪图方便，穿越绿化带横过马路，既损坏绿化，又容易引发交通安全事故。为阻止行人穿越道路绿化带，可在绿化带上安装护栏。

6. 施工迹地未复绿

在绿地中埋设管线后长时间未进行复绿，导致绿地凹凸不平，黄土露天，影响景观。对工程施工迹地要及时进行复绿。

7. 复绿质量差

在绿地中埋设管线后，虽然进行了复绿，但草块随意摆在绿地上，且泥土遍地，恍如绿地上的一块伤疤，影响景观。对工程施工迹地要切实抓好复绿质量。

8. 交通事故现场未清理

肇事车辆冲上道路绿化带，对花池和植物造成严重破坏，影响景观。

对交通事故毁坏的花池要及时维修，对损坏的植物要及时清理并恢复绿化。

9. 树木倒伏

树木倒伏后根系松动或折断，容易失水而死；另外，倒伏的树木还影响景观。对倒伏树木要尽快重新种植，并安装护树架固定。

10. 护树架的绑带没定期松绑

护树架上的绑带长期勒在树干上，形成深深的缢痕，给树木的生长带来一定的影响。在日常养护过程中，要随着树干的不断增粗，定期对护树架的绑带进行松绑。

11. 护树架挫伤树皮

护树架与树干直接接触，当树木随风摆动时，树皮会被严重挫伤且长期无法愈合，影响树木的正常生长。

在为新种树木安装护树架时，要在护树架与树皮之间垫上一层胶片或棉纱等，以防止护树架挫伤树皮。在日常养护过程中，当发现胶片或棉纱脱落时，要及时补垫。

12. 植物根系穿破瓦面

生长在建筑物顶部的植物，其根系对瓦面造成严重的破坏。对在瓦面上生长的植物要及早进行彻底清理。

13. 建筑物内有白蚁

建筑物内有白蚁，会将楼梯的木质墙裙蛀空。对有木质材料的园林建筑要加强白蚁防治工作，尤其是山林的白蚁普遍较多，因而对依山而建的建筑物应更加注重白蚁的检查。

14. 屋顶有大量泥迹

屋顶的泥迹过多，将影响雨水排泄，从而导致屋顶渗水。对建筑物顶上的泥迹要定期进行清理。

15. 水管漏水

水管受损漏水，导致绿地长期积水，既影响植物的正常生长，又浪费水源。当发现水管漏水时要立即关闭水阀，并及时进行维修。

16. 设施损坏

园林设施损坏后，导致其使用功能大打折扣，同时影响景观。对损坏的园林设施要及时维修。

17. 园林小品陈旧变色

水池中配置的雕塑外观陈旧（变成灰色），影响景观。对园林小品应定期进行翻新（古色古香作品除外），使其始终保持良好的艺术形象。

第三节　园林绿化安全管理

一、概述

园林绿地遍布整个城市，是广大市民游乐、休闲和健身的重要场所，其配套设施和树木的安全状况与市民的生命财产安全息息相关。另外，园林绿化养护工程中的许多施工项目（如高空修枝作业等）属高危工种，同样关系到作业人员或市民的生命财产安全。由此可见，园林绿化安全管理是一项涉及公众安全和养护作业人员自身安全的重要工作。

（一）基本要求

1. 加强安全检查，防止安全事故发生

检查的重点对象和范围包括建筑物、园林配套设施、挡土墙、危险树、车辆、起重设备、电气设备、消防设施、施工和应急物资等。对检查中发现的安全隐患，要及时采取措施加以整改。

2. 加强施工管理，防止安全事故发生

重点抓好高空作业、路上作业、在架空线路和地下管线附近作业、喷施农药、车辆和机械设备操作等高危项目施工管理。

3. 储备必要的应急物资

应急物资包括砍刀、铁锹、手锯、油锯、汽油（装在专用铁罐内）、头盔、反光服、手套、手电筒和安全警示牌等。

（二）园林绿化养护安全生产管理

绿化养护项目安全生产监督管理坚持“以人为本”理念，贯彻“安全第一、预防为主”的方针，依靠科学管理和技术进步，遵循属地管理和层级监督相结合、全面要求与重点监管相结合的原则。

城市绿化管理部门可结合实际，建立、健全以下安全生产工作制度：

①绿化养护项目安全生产监管责任层级监督与重点地区监督检查制度。城市绿化管理部监督检查区绿化管理部门安全生产责任制的建立和落实情况，贯彻执行安全生产法规政策和制定各项监管措施情况；根据安全生产形势分析，结合重大事故暴露出的问题及在专项整治、监管工作中存在的

突出问题，确定监管重点。

②绿化养护项目安全生产信用监督和失信惩戒制度。将绿化养护项目安全生产各方责任主体和从业人员安全生产不良行为记录在案，并利用网络、媒体等向全社会公示，加大安全生产社会监督力度。

各区绿化管理部门和养护企业可结合实际，建立、健全以下安全生产工作制度：

①绿化养护项目安全生产预警提示制度。在重大节日、重要会议、特殊季节、恶劣天气到来和施工高峰期之前，认真分析和查找本行政区域绿化养护项目安全生产薄弱环节，深刻吸取以往年度同时期曾发生事故的教训，有针对性地提早做出符合实际的安全生产工作部署。

各绿化管理部门加强领导，周密部署，不断完善园林绿化的防汛抗台、防冻抗雪、抗旱保绿的应急预案，切实做好绿地树木的防台应急处置工作；应备足抗台、抗雪、抗旱物资，成立应急抢险队伍，把各项防范措施落到实处，确保人民生命财产安全和道路的畅通。

②绿化养护项目安全生产监督管理人员培训制度。绿化养护企业的主要负责人、养护项目负责人、专职安全生产管理人员定期参加安全生产法律、法规和标准、规范的培训。

③绿化养护项目重大事故上报制度。绿化养护企业发生以下三种情况属于重大事故：

a. 人身伤害事故；

b. 养护质量事故；

c. 因养护作业不当而造成路面结冰，导致交通安全事故。

此时区绿化管理部门应责令该养护企业立即内部整顿，限期整改，落实善后措施；同时，生产安全事故所在城区绿化管理部门应在 24 h 内及时将事故情况上报市绿化管理部门。

（三）绿化养护安全生产操作规范

绿化养护生产作业应严格按照园林绿化技术操作规程实施，加强作业人员的安全防范意识，特别是道路绿化（包括高架绿化）作业，行道树修剪等高空作业的安全文明施工、园林机械的安全使用、农药的安全使用、安全用电及园林绿化防火。

1. 作业人员服装

①作业人员在道路上进行流动作业时，应当穿着安全服，夜间必须同时穿着安全服并戴好安全帽。在道路上进行定点作业时，夜间必须穿着安全服。

②安全服与安全帽应当具备反光或部分反光性能，安全服反光部分最小宽度不应小于 5 cm。

2. 道路作业的安全要求

①除流动作业外，进行道路作业必须在作业现场划出作业区，制定交通组织方案，设置相应的标志与设施，以确保作业期间的交通安全。

②在道路上进行不划定作业区的流动作业时，可以在路段上设置可移动的作业标志。

③在道路上进行定点作业，白天不超过 2 h，夜间不超过 1 h 即可完工的，在有现场交通指挥人员指挥交通的情况下，只要作业区设置了完善的安全设施（白天设置锥形交通路标或路栏，夜间设置锥形交通路标或路栏及道路作业警示灯），可以不设标示牌，但高速公路除外。

④用于道路作业的工具、材料必须放置在作业区内或其他不影响正常交通的场所。

二、安全检查

1. 检查方式

安全检查可采取“定期检查与不定期抽查”相结合、“全面排查与重点检查”相结合的方式进行。

2. 工作流程

将安全管理中的现场检查、安全隐患整改和建账归档等环节编制成流程图，并严格按流程一环扣一环地执行，使存在的安全隐患及时被发现，并落实整改。另外，通过建立台账，各环节的执行情况有账可查，有责可追。

3. 现场检查

现场检查是发现安全隐患的必要手段。为便于检查工作的开展，可按照“简洁明了、操作方便”的原则，分别对建筑物、园林配套设施、挡土墙、危险树、车辆、起重设备、电气设备、消防设施、施工现场和应急物资等项目编制相应的“检查记录表”，用作现场检查记录。

在现场检查过程中，要按照上述表格要求逐项进行认真细致的检查，填写“检查记录表”，并根据检查情况判断被检项目是否存在安全隐患。

4. 整改与复查

对现场检查中发现的各项安全隐患，要及时进行整改，并各填一份安全隐患项目复查记录表，用于跟踪复查记录，直至该项隐患整改完成为止。

与此同时，将各项隐患逐一填写在安全隐患项目汇总表中，并在隐患消除后填上整改完成时间。

5. 建立台账

对每次现场检查中填写的表格，要按月度和年度整理归档，建立安全管理台账。

6. 隐患项目的结转

在每年 12 月底，将本年度检查中发现的、未完成整改的安全隐患项目重新填写在安全隐患项目汇总表中，将其结转在下一年度继续跟踪整改，直至隐患消除为止。

三、常见问题及处理方法

1. 设施管理的问题

（1）建筑物破损

花架廊横梁表面的水泥破损脱落，钢筋裸露，锈迹斑斑，影响横梁的受力性能。对表面破损的园林建筑要及时维修，以免影响建筑物结构和受力性能。

（2）建筑物墙体有裂纹

建筑物外墙有明显的裂纹，存在倒塌的危险。对存在隐患的建筑物要及时维修，防止其倒塌而引发安全事故。

（3）挡土墙有裂纹

因挡土墙倒塌而引发的安全事故屡见不鲜。为避免安全事故的发生，要加强对园林绿地中的挡土墙进行安全检查的力度。当发现挡土墙出现裂痕时，要立即划定危险警戒范围，设立危险警示标志，禁止人们进入危险区域，并加紧进行维修。

（4）树木长在挡土墙上

构树、细叶榕等树木的种子落在挡土墙的缝隙上，发根长叶，这是较为常见的现象。随着这些树木的不断长大，根系的不断加粗加深，必将导致墙体开裂变形，甚至崩塌，从而引发安全事故。对这些树木要及早进行清理。

（5）电线外露

园林绿地是公众活动场所，若电线外露则存在极大的安全隐患。对园林绿地中的用电设施要加强日常安全检查，对损坏的设施要及时进行维修。

（6）沙井的盖板被揭开或缺失

绿地上被揭开盖板或没有盖板的沙井，存在极大的安全隐患。对这些存在安全隐患的沙井，要立即进行修复。

（7）健身器材损毁

在园林绿地中安装的健身器材陈旧且破损严重，存在较大的安全隐患。对园林绿地中配套设置的简易健身器材或儿童游乐设施等，应将其纳入园林绿化养护管理范畴，加强日常检查和保养；对损毁严重，或者超过使用期限的游乐、健身设施要及时拆除，以免引发安全事故。

2. 植物养护的问题

（1）死树不及时清理

枯死的大树随时有倒伏的风险，存在极大的安全隐患。对枯死的树木要及时清理。

（2）树干腐烂严重

树干腐烂严重的树木容易被风吹断，因而存在较大的安全隐患。对树干腐烂严重的树木应将其砍伐。

（3）藤本植物影响树木安全

大树基部因腐烂而出现树洞，这是导致树木倒伏、引发安全事故的主要原因。如果大树基部被附生的藤本植物覆盖，即使出现树洞也难以觉察。在日常养护过程中，为便于对大树进行安全检查，应将其附生的藤本植物清除。

（4）“树池”过小

在铺装地中种植的乔木“树池”过小，随着树干的不断加粗，当“树池”挤满后将继续向外扩展，从而形成缢痕。在树木随风摆动时，树干与“树池”边缘不断发生摩擦，导致树干的缢痕处损伤，且长期无法愈合。随着时间的推移，缢痕内部腐烂越来越严重，导致树干的支撑能力越来越差。当树干无法支撑树冠的重量时，即会从缢痕处折断，从而引发安全事故。从外观上看，此类树木的生长状况基本正常，人们无法直接看到缢痕内部的腐烂情况，也无法判断树干何时会折断，因而存在极大的安全隐患。

对在铺装地中开穴种植的树木，当“树池”过小，无法满足树木生长的需要时，要及时扩穴。必要时，还应同时进行“截干”或“截枝”修剪，以减少树冠重量。

（5）树上有枯枝

树上挂着一枝粗大的枯枝。如果枯枝脱落，将对人身安全构成重大威胁，因而对树上的枯枝要及时清理。

（6）树干倾斜严重

树干倾斜的树木，既影响景观，又存在倒伏的安全隐患。

对树干倾斜的树木，可针对不同情况采取相应的措施加以处理。

方法一：扶正。倾斜小树要及时扶正，并安装护树架进行固定。对于过高或冠幅过大的树木，在扶树前应进行“截干”或“截枝”，减轻树冠的重量。另外，由于在扶树时将造成树木根系松动和断根，因此在扶正后应将泥土压实并灌溉“定根水”，使土壤重新紧贴根系，确保树木成活。

方法二：修剪。为防止因树干倾斜的大树倒伏而引发安全事故，可通过“修枝”将树干倾斜方向一侧的部分枝条清除，以改变重心，从而使树冠处于稳定的平衡状态；也可定期进行“截枝”，以减少树冠的重量。

方法三：安装永久支架。对树干虽严重倾斜，但具有较高的观赏和保护价值的树木（特别是古树名木），应安装永久支架支撑树干。在树干下方安装铁支架，并将其雕塑成树干的形状，以增强艺术效果。

方法四：砍伐。对树干倾斜严重、存在重大安全隐患且无保留价值的树木，可进行砍伐。

（7）树木与电线间距不足

行道树的树冠与架空电力线路导线的间距不符合《城市道路绿化设计标准》（CJJ/T 75–2023）的规定，容易引发安全事故。

对架空电力线路下种植的树木要定期进行“截枝”或“截干”修剪，使两者的间距符合用电安全的规定。

（8）绿化带的植物遮挡视线

在道路中间绿化带中，人行横道两侧的植物过高，遮挡行人和驾驶员的视线，容易引发交通安全事故。

为防止植物遮挡视线而引发交通安全事故，对道路绿化带路口两侧各15 m范围内的植物要定期修剪，将高度控制在70 cm以下。

3. 施工管理的问题

（1）施工人员违反交通规则

园林绿化养护施工人员在马路上骑自行车逆行，或者骑着自行车横过马路，容易引发交通安全事故。对违反交通规则的施工人员要进行批评教育，甚至做出处罚。

（2）路面作业不符合安全规范

在交通繁忙的道路进行绿化改造工程施工时，施工人员未穿有反光标志的工作服，也没有划定安全保护范围和设置安全警示标志，容易引发群死群伤的交通安全事故。在城市主、次干道，快速路或高速公路上作业时，宜选择在非交通繁忙时段进行。作业人员必须披戴具有反光标志的背心，并应在距离作业点正、反方向分别设置反光警示牌及其他警示标志。

（3）行人进入危险作业现场

在修剪树木的作业现场既没有划定安全警戒范围，也没有设置安全警示标志，行人随便在施工现场穿行，容易引发安全事故。

在进行高空修枝等危险作业时，要划定安全警戒范围，设置安全警示标志，封锁作业现场，并有专人负责维护秩序，防止行人和车辆随便进入施工现场。必要时，在确保安全的前提下可实行间歇性放行。

4. 喷施农药无防护措施

施工人员在喷施农药时手足和面部暴露于空气中，容易引发中毒事故。为防止农药喷射至人体引发中毒事故，施工人员在喷药时应着筒鞋、手套、长袖衣和长裤，戴帽子、口罩和眼镜，并站在“上风口”进行喷药；在喷药过程中，严禁用手抹汗，擦嘴、脸和眼睛；在喷药间歇时严禁抽烟、饮水或用餐；喷药结束后应立即对全身进行冲洗、更换衣物。

另外，在人多聚集的绿地喷农药时，要提前在喷药现场张贴告示。在风景区、公园和广场喷农药，应避开游客高峰期，并设立安全警示牌提醒游客注意。

5. 其他问题

（1）细小障碍物伤人

当人们在草坪上活动时，碰到类似的细小障碍物就会倒地受伤。对草坪上的细小障碍物要及时清理，以免引发安全事故。

（2）草坪上的水龙头伤人

安装在草坪上的水龙头目标不明显，当人们在草坪上活动时，稍不留神容易被绊倒。

为防止人们靠近水龙头而引发伤人事故，对绿地上的水龙头常采用以下两种方法进行处理：

方法一：将水龙头安装在花池或树木等目标明显的障碍物旁边。

方法二：在水龙头旁边种植树木或置放石块，形成目标明显的障碍物。

（3）危险区域没有安全防护措施

在游客可以到达的危险区域，既没有安装防护栏，也没有设置安全警示标志，容易引发安全事故。

为防止安全事故的发生，在危险区域要安装护栏，并设置警示标志牌提醒游客注意安全。

在大型水体的岸边，还应每隔一定距离摆放一个救生圈，万一发生溺水事故，便于快速救援。

6. 红火蚁伤人

红火蚁是外来入侵的有害生物，攻击性强，蚁巢一旦被触动，愤怒的红火蚁就会四处扩散，并主动攻击人。红火蚁叮螯人后，其排放的毒液将使人产生被火灼伤般的疼痛感，继而出现水泡和脓包；严重者出现局部红肿、全身瘙痒、发热和头晕等症状；极个别严重过敏反应者，甚至会休克死亡。

园林绿地是公众场所，如果红火蚁入侵则与人接触的机会很大。为防止红火蚁伤人事故的发生，一经发现就必须马上扑杀。常用方法有以下两种：

方法一：在红火蚁侵入初期，其土壤中的蚁巢尚小而浅。当发现有细小的蚁巢时，要及早用“乐福”等触杀性农药的水溶液灌透蚁巢，将巢中的蚁全部杀死。

方法二：在蚁巢上轻轻拨开一个小口，将“灭蚁清”倒入巢内；也可将“灭蚁清”散置在蚁路上，以吸引工蚁出巢取食，从而将毒饵搬回蚁巢，使毒药随红火蚁个体间的交哺而扩散到整个蚁群，将其全部杀死。

第四章　园林绿化的栽植施工

园林绿化施工时，必须按照园林绿化施工的流程，结合本地区的气候特点以及环境、地形条件等因素，选择最合适的绿化植物，结合时间特点，严格重视每一个细节工作，以大局为重，合理规划，利用科学的种植技术做好园林绿化，为人类的生活营造一个干净舒适的绿色环境。绿化活动并不是单独存在的，它是一项高度融合了设计以及建设等要素的活动。现在，结合市场，国家制定多项管控措施来积极地进行园林组织的创建活动，切实提升设计以及建设等能力。只有提升专业素养，才能确保项目品质得以维护，将科学性以及工艺性等多项要素融合到一起，打造出不仅节约资金，而且有实际意义，同时还具有观赏性的项目。

第一节　园林绿化栽植施工的基本理论

一、栽植施工的原则

1. 必须符合规划设计要求

园林绿化栽植施工前，施工人员应当熟悉设计图纸，理解设计要求，并与设计人员进行交流，充分了解设计意图，然后严格按照图纸要求进行施工，禁止擅自更改设计。对于设计图纸与施工现场实际不符的地方，应及时向设计人员提出，在征求设计部门的同意后，再变更设计。同时不可忽视施工建造过程中的再创造作用，可以在遵从设计原则的基础上，合理利用、不断提高，以取得最佳效果。

2. 施工技术必须符合树木的生活习性

不同树种对环境条件的要求和适应能力表现出很大的差异性，施工人员必须具备丰富的园林知识，掌握其生活习性，并在栽植时采取相应的技术措施，提高栽植成活率。

3. 合理安排适宜的植树时期

我国幅员辽阔，气候各异，不同地区树木的适宜种植期也不相同；同一地区树种生长习性也有所不同，受施工当年的气候变化和物候期差别的影响。依据树木栽植成活的基本原理，苗木成活的关键是如何使地上与地下部分尽快恢复水分代谢平衡，因此必须合理安排施工的时间并做到以下两点。

①做到“三随”。所谓“三随”，就是指在栽植施工过程中，做到起、运、栽一条龙，做好一切苗木栽植的准备工作，创造好一切必要的条件，在最适宜的时期内，充分利用时间，随掘苗、随运苗、随栽苗，环环扣紧，栽植工程完成后，应及时开展后期养护工作，如苗木的修剪及养护管理，这样才可以提高栽植成活率。

②合理安排种植顺序。在植树适宜时期内，不同树种的栽植顺序非常重要，应当合理安排。原则上来讲，发芽早的树种应早栽植，发芽晚的树种可以推迟栽植；落叶树栽植宜早，常绿树栽植时间可晚些。

4. 加强经济核算，提高经济效益

调动全体施工人员的积极性，提高劳动效率，节约增产，认真进行成本核算，加强统计工作，不断总结经验，尤其是与土建工程有冲突的栽植工程，更应合理安排顺序，避免在施工过程中出现一些不必要的重复劳动。

5. 严格执行栽植工程的技术规范和操作规程

栽植工程的技术规范和操作规程是植树经验的总结，是指导栽植施工技术的法规，必须严格执行。

二、提高园林树木栽植成活率

园林树木栽植包括起苗、搬运、种植及栽后管理四个基本环节。每一位园林工作者都应该掌握这些环节与树木栽植成活率之间的关系，掌握树木栽植成活的理论基础。

1. 园林树木的栽植成活原理

正常条件生长的未移植园林树木在稳定的自然环境下，其地下与地上部分存在一定比例的平衡关系。特别是根系与土壤的密切结合，使树体的养分和水分代谢的平衡得以维持。掘苗时会破坏大量的吸收根系，而且部分根系（带土球苗）或全部根系（裸根苗）脱离了原有协调的土壤环境，易受风吹日晒和搬运损伤等影响。吸收根系被破坏，导致植株对水分和营养物质的吸收能力下降，使树体内水分向下移动，由茎叶移向根部。当茎叶水分损失超过生理补偿点时，苗木会出现干枯、树叶脱落、芽叶干缩等生理反应，然而当这一反应进行时，地上部分仍能不断地进行蒸腾等作用，生理平衡因此遭到破坏，严重时会因失水而死亡。

由此可见，栽植过程中及时维持和恢复树体以水分代谢为主的平衡是栽植成活的关键。这种平衡受起苗、搬运、种植及栽后管理技术的直接影响，同时也与栽植季节，苗木的质量、年龄、根系的再生能力等主观因素密切相关。移植时根系与地上部分以水分代谢为主的平衡关系，或多或少地遭到了破坏，植株本身虽有关闭气孔以减少蒸腾的自动调控能力，但此作用有限。在适宜的条件下，受损根系都具有一定的再生能力，但再生大量的新根需要一段时间，恢复这种代谢平衡更需要大量时间。可见，如何减少苗木在移植过程中的根系损伤和少受风干失水，促使其迅速生出新根，与新环境建立起新的平衡关系对提高栽植成活率是尤为重要的。一切有利于迅速恢复根系再生能力，尽早使根系与土壤重新建立紧密联系，抑制地上茎叶部分蒸腾的技术措施，都能促进树木建立新的代谢平衡，并有利于提高其栽植成活率。研究表明，在移植过程中，减少树冠的枝叶量，并供应充足的水分或保持较高的空气湿度条件，可以暂时维持较低水平的代谢平衡。

园林树木栽植的原理，就是要遵循客观规律，符合树体生长发育的实际，提供相应的栽植条件和管理养护措施，协调树体地上部分和地下部分的生长发育关系，以此来维持树体水分代谢的平衡，促进根系的再生和生理代谢功能的恢复。

2. 影响树木移栽成活率的因素

为确保树木栽植成活，应当采取多种技术措施，在各个环节都严格把关。栽植经验证明，影响苗木栽植成活的因素主要有以下几点，如果一个环节失误，就可能造成苗木的死亡。

（1）异地苗木

新引进的异地苗木，在长途运输过程中水分损失较多，有些甚至不适合本地土质或气候条件，这种情况会造成苗木出现死亡，其中根系质量差的苗木尤为严重。

（2）常绿大树未带土球移植

大树移植若未带土球，导致根系大量受损，在叶片蒸腾量过大的情况下，容易出现萎蔫而死亡。

（3）落叶树种生长季节未带土球移植

在生长季节移植落叶树种，必须带土球，否则不易成活。

（4）起苗方法不当

移植常绿树时需要进行合理修剪，并采用锋利的移植工具，若起苗工具钝化易严重破损苗木根系。

（5）土球太小

移植常绿树木时，如果所带土球比规范要求小很多，也容易造成根系受损严重，导致较难成活。

（6）栽植深度不适宜

苗木栽植过浅，水分不易保持，容易干死；栽植过深则可能导致根部缺氧或浇水不透，而引起树木死亡。

（7）空气或地下水污染

有些苗木抗有害气体能力较差，栽植地附近某些工厂排放的有害气体或水质，会造成植株敏感而死亡。

（8）土壤积水

不耐涝树种栽植在低洼地，若长期受涝，很可能缺氧死亡。

（9）树苗倒伏

带土球移植的苗木，浇水之后若倒伏，应当轻轻扶起并固定，如果强行扶起，容易导致土球破坏而死亡。

（10）浇水不适

浇水速度不易过快，如浇水速度过快，树穴表面上看已灌满水，但很可能没浇透而造成死亡。碰到干旱后恰有小雨频繁滋润的天气，也应当适当浇水，避免造成地表看似雨水充足，地下实则近乎干透而导致树木死亡的现象。

3. 提高树木栽植成活率的原则

（1）适地适树

充分了解规划设计树种的生态习性，以及对栽植地区生态环境的适应能力，具备相关的成功驯化引种试验和成熟的栽培养护技术，方能保证成活率。尤其是花灌木新品种的选择应用，要比观叶、观形的园林树种更加慎重，因为此类树种除了树体成活以外，要求花果观赏性状的完美表达。因此，实行适地适树原则的最简便做法，就是选用性状优良的乡土树种，作为景观树种中的基调骨干树种，特别是在生态林的规划设计中，更应贯彻以乡土树种为主的原则，以求营造生态植物群落效应。

（2）适时适栽

应根据各种树木的不同生长特性和栽植地区的气候条件，决定园林树木栽植的适宜时期。落叶树种大多在秋季落叶后或春季萌芽开始前进行栽植；常绿树种栽植，在南方冬暖地区多行秋植，或在新梢停止生长的雨季进行。冬季严寒地区，易因秋季干旱造成“抽条”而不能顺利越冬，常以新梢萌发前春植为宜；春旱严重地区可行雨季栽植。随着社会的发展和园林建设的需要，人们对环境生态建设的要求愈加迫切，园林树木的栽植已突破了时限，“反季节”栽植已随处可见，如何提高栽植成活率也成为相关研究的重点课题。

（3）适法适栽

根据树体的生长发育状态、树种的生长特点、树木栽植时期及栽植地点的环境条件等，园林树木的栽植方法可分为裸根栽植和带土球栽植两种。近年来，随着栽培技术的发展和栽培手段的更新，生根剂、蒸腾抑制剂等新的技术和方法在栽培过程中也逐渐被采用。除此之外，我们还应努力探索研究新技术方法和措施。

第二节　栽植施工技术

一、栽植施工程序和技术要领

园林树木栽植是园林绿化工程的重要组成部分，施工之前必须对工程设计意图有深刻的了解，才能完美地表达设计要求。如同样是银杏，作行道树栽植应选雄株，并要求树体大小一致，配置时通常为等距对称；作景观树应用时，树体规格大小可以有异，枝下高没有固定要求；配置时可单株独赏，亦可三五成群，但需注意树冠发育空间。园林树木栽植受施工期限、施工条件及相关工程项目的制约，需根据施工进度编制翔实的栽植计划。及早进行人员、材料的组织和调配，并制定相关的技术措施和质量标准。

1. 栽植施工程序

园林树木栽植是一项时效性很强的工程，直接影响树木的栽植成活率及设计景观效果的表达，必须按照栽植施工程序进行。想要做好园林的绿化施工，应该规范施工工序以及植物栽植的基本技术措施，在进行相关工作的时候，要结合本地区的地形条件以及环境、气候特点进行，选择适合的绿化植物，找准时间和做好前期准备。

栽植前施工单位应根据设计图纸的各种苗木数量、规格，调查落实苗源。栽植施工程序包括：划线定点—整地—施肥—栽植—浇水—修剪—整形—设立支撑。

（1）划线定点

依据施工图进行定点放线，是设计景观效果的基础。定点放线时必须具备完整图纸、测量工具和标志材料。根据施工图纸确定基线和基点进行放线。先放出规则式种植点线，后放出自然式种植点线。对设计图纸上无精确定植点的树木栽植，特别是树丛、树群，可先划出栽植范围，具体定植位置可根据设计思想、树体规格和场地现状等综合考虑确定。一般情况下，以树冠长大后株间发育互不干扰、能完美表达设计景观效果为原则。各种标记必须明确，放线后应由业主和监理验线认可。当放线与国家规范、建筑、管网间距有矛盾时，应向设计部门提出，待设计方案确定后再放线。

（2）施肥

为了保证园林树木栽植后生长发育良好，树坑挖好后最好施基肥，按照各种园林树木的习性，对喜肥的树木施腐熟有机肥，施肥量由技术人员视树木大小和种植的时间确定。在施肥方面，应在挖坑时，在树坑底部先施基肥；栽植后，可用厩肥或化肥，用沟施或穴施肥料，促其生长。有机质含量高的土壤，能有效促进苗木的根系发育，所以在栽植苗木时，一般应施入一定量的有机肥料，将表土和一定量的农家肥混匀，施入沟底或坑底作为底肥。农家肥的用量为每株树 10~20 kg 为宜。

（3）树体裹干

常绿乔木和干径较大的落叶乔木，应于栽植前或栽植后进行裹干，即用草绳、蒲包、苔藓等材料严密包裹主干和比较粗壮的分枝。目前，有些地方采用塑料薄膜裹干，此法在树体休眠阶段使用，效果较好，但在树体萌芽前应及时撤换。因为，塑料薄膜透气性能差，不利于被包裹枝干的呼吸作用，尤其是高温季节，内部热量难以及时散发而引起高温，会灼伤枝干、嫩芽或隐芽，对树体造成伤害。树干皮孔较大而蒸腾量显著的树种如樱花、鸡爪槭等，以及大多数常绿阔叶树种如香樟、广玉兰等，栽植后宜用草绳等包裹缠绕树干达 1~2 m 高度，以提高栽植成活率。

（4）配苗

栽植前首先修枝修根，然后配苗或散苗。修根修枝后如果不能及时栽植，裸根苗根系要泡入水中或埋入土中保存，带土球苗将土球用湿草帘覆盖或将土球用土堆围住保存。栽植前还可用根宝、生根粉、保水剂等化学药剂处理根系，使移植后能更快成活生长，同时苗木还要进行分级，将大小一致、树形完好的一批苗木分为一级，栽植在同一地块中。栽植行道树要先排列好苗木，树冠、分枝点基本一致的苗木依次放在一起，分段放入树坑内摆正，列队调整，做到横平竖直后再分层回填土，土回填到一半时检查列队是否整齐，树冠是否直立，进行调整后定植。长距栽植行道树可牵绳或用其他工具确定，相邻树高低不得相差 50 cm，分枝点相差不得大于 30 cm。树冠基本在一条直线上。对行道树和绿篱苗，栽植前要再一次按大小分级，使相邻的苗大小基本一致。按穴边木桩写明的树种配苗，“对号入座”，边散边栽。较大规格的树木可用吊机进行吊载。配苗后还要及时核对设计图。检查调整。

（5）栽植

①树坑处理：栽植时先检查树坑，树坑过深回填部分土，施肥的树坑在肥料上覆盖土，树坑积水时必须挖排水沟，可在穴底铺 10~15 cm 厚的沙砾或渗水管、盲沟，以利排水。回填土应细心拣出石块，将混好肥料的表土一半填入坑中，培成丘状。

②栽植密度：园林树木栽植的深度必须适当，并要注意方向。栽植深度应以心土下沉后树木原来的土印与土面相平或稍低于土面为准。栽植过浅，根系容易失水干燥，抗旱性差。栽植过深，根系呼吸困难，树木生长不旺。主干较高的大树，栽植方向应保持原生长方向，以免冬季树皮被冻裂或夏季受日灼危害。栽植时除特殊要求外，树木应垂直于东西、南北两条轴线。行列式栽植时，要求每隔 10~20 株先栽好对齐用的“标杆树”。如有弯干的苗，应弯向行内，并与“标杆树”对齐，左右相差不超过树干的一半，做到整齐美观。

③裸根树木栽植：放入坑内时务必使根系均匀分布在坑底的土丘上，校正位置，使根颈部高于地面 5~10 cm，珍贵树种或根系不完整的树木应

向根系喷生根剂。然后将另外一半掺肥表土分层填入坑内，每填一层土都要将树体稍稍上下提动，使根系与土壤密切接触，并踏实。

最后将心土填入植穴，直至填土略高于地表面。

④带土球树木栽植：栽植前必须踏实穴底土层，后将树木置入种植穴，校正位置，分层填土踏实。

⑤特殊绿地的栽植：假山或岩缝间种植，应在种植土中掺入苔藓、泥炭等保湿透气材料。绿篱成块状群植时，应由中心向外顺序退植。坡式种植时应由上向下种植。

大型块植或不同色彩丛植时，宜分区分块种植。

⑥树木的摆放：应注意将树冠丰满完好的一面朝向主要的观赏方向，如入口处或主行道。在行道树等规则式种植时，如树木高矮参差不齐、冠径大小不一，应预先排列种植顺序，形成一定的韵律或节奏，以提高观赏效果。

⑦竹类栽植：竹类定植，填土分层压实时，靠近鞭芽处应轻压。栽种时不能摇动竹秆，以免竹蒂受伤脱落。栽植穴应

用土填满，以防积水引起竹鞭腐烂。最后覆一层细土或铺草以减少水分蒸发。母竹断梢口用薄膜包裹，防止积水腐烂。

（6）修剪整形

栽植过程中的修剪整形，是为了培养树形，减少蒸腾和提高成活率，主要包括根部修剪和树冠修剪。

①根部修剪：裸根树木栽植之前，首先应对根系进行适当修剪，主要是将断根、劈裂根，病虫根、生长不正常的偏根、破根、腐根和过长的根以及卷曲的过长根剪去。

②树冠修剪：对于较高的树应于种植前进行树冠修剪，要用截枝、疏枝、剪半叶或疏去部分叶片的办法来减少蒸腾作用，保持树势，主要修剪徒长枝、交叉枝、断枝、病虫枝和有碍观瞻的其他枝条，修剪量依不同树种及景观要求有所不同，低矮树可于栽后修剪。

栽植过程中的修剪量不宜太大。特别是对那些没有把握的枝条，尽量保留，以便栽植后结合环境情况再作决定。

2. 栽后管理

这里所讲的栽后管理，是指栽植后，成活前立即进行的管理工作，可以理解为栽植过程的一部分，是园林树木成活的有力保障，主要包括支撑、灌水、围堰、封堰等，树木栽后管理注意保温。关于园林树木成活后的正常养护工作。

（1）设立支撑

倒伏对成活率影响最大，如果倒伏次数太多，大树就很难成活。特别是阔叶常绿树，土球一旦破碎，就更难成活。因此，为防止大规格苗（如行道树）灌水后歪斜，或受大风影响成活，栽后必须设立支柱、拉绳，防摇动或倒伏。园林绿地上的树木支撑还应考虑与环境的协调关系，一些绿地经常出现支撑形式与环境极不相称的现象，使人产生大煞风景的感觉。常用通直的木棍、竹竿作支柱，长度以能支撑树苗的1/3~1/2处即可，也可以用钢丝绳。一般用长1.5~2 m、直径5~6 cm的支柱，可在种植时埋入，也可在种植后再打入（入土20~30 cm）。

栽后打入的，要避免打在根系上和损坏土球。树体不是很高大的带土移栽树木可不立支柱。立支柱的方式有单支式、双支式、三支式、四支式和棚架式。单支法又分立支和斜支，单柱斜支应支在下风方向（面对风向）。

斜支占地面积大，多用在人流稀少的地方。支柱与树干捆缚处。既要捆紧，又要防止日后摇动擦伤干皮。因此，捆绑时树干与支柱间要用草绳隔开或用草绳包裹树干后再捆。

近年来随着人们对景观效果的要求越来越高，树木支撑也出现了很多新型的实用样式，并在市场上得到了一定的推广。新型聚合材料做成的支撑用于小区绿地、人行道、公园绿地中，在一定程度上减少了对树木的采伐，对环境也是一种保护。

（2）灌水

树木栽植后应在略大于种植穴直径的周围筑起高 10~15 cm 的灌水土堰，堰应筑实，不得漏水，斜坡树坑的下方土堰应高且牢固一些。新植树木应在当日浇第一遍透水，即灌定根水，一定要浇透浇足，使土壤充分吸入水分，以后根据情况及时补水。

一般栽植后间隔 3~5 天连浇 3 遍水，并要浇透，不足的要补水，要注意浇水后的根部培土工作，待树木发芽后，有条件的 1~2 天喷 1 次水，从而加快新芽的生长速度。并要注意新梢容易遭到蚜虫的危害，天气干旱要及时喷药，要经常锄草松土。春秋栽植的树木一般 3~5 天浇一次透水；冬季栽植的树木视土壤情况浇水；夏季栽的树木宜每天早晚浇水。每次浇水时可同时向树冠喷水，直到树木成活为止。根系不发达的树种，浇水量宜较多;肉质根系树种，浇水量宜少。秋季种植的树木，浇足水后可封穴越冬。干热风季节，应对新发芽长叶的树冠喷雾，宜在上午 10 时前和下午 3 时后进行。浇水时浇水管口应放低贴地，防止因水流过急而使根系露出或冲毁围堰，造成跑漏水。浇水后出现土壤下陷，致使树木倾斜时，应扶正、培土。所浇水渗下后，应及时用围堰土封树穴，干旱地区或名贵树种应覆盖地膜保墒，注意不得损伤根系，目前，对于面积较大的绿地来说，灌水方式除单株灌外，还可采用满灌、喷灌等方式。

（3）栽后修剪

树木定植前一般都已进行了一定的修剪，但多数树木尤其是中等以下规格的树木都在定植后修剪或复剪，主要是对受伤枝条和栽前修剪不够理想的枝条进行复剪。

对较大的落叶乔木，尤其是生长势较强、容易抽出新枝的树木，可进行强修剪，树冠可减少至 1/2 以上，这样既可减轻根系负担，维持树体的水分平衡，也可减弱树冠招风摇动，增强苗木栽植后的稳定性。枝条茂密、具有圆头型树冠的常绿乔木可适量疏枝，具轮生侧枝的常绿乔木，用作行道树时，可剪除基部 2~3 层轮生侧枝。常绿针叶树不宜多修剪，只剪除病虫枝、枯死枝、生长衰弱枝、过密的轮生枝和下垂枝。

枝条茂密的大灌木，可适量疏枝。对嫁接灌木，应将接口以下砧木上萌生的枝条疏除。分枝明显、新枝着生花芽的小灌木，应顺其树势适当强剪，促生新枝，更新老枝。用作绿篱的灌木，可在种植后按设计要求整形修剪，双排绿篱应成半丁字排列，树冠丰满方向向外，栽后统一修剪整齐。在苗圃内已培育成型的绿篱，种植后应加以整修。

攀援类和藤蔓性苗木，可剪除过长部分。攀援上架苗木，可剪除交错枝、横向生长枝。

（4）搭架遮阴

大规格树木移植初期或在高温干燥季节栽植，要搭制荫棚遮阴，以降低树冠温度，减少树体的水分蒸发。体量较大的乔、灌木树种，要求全冠遮阴，荫棚上方及四周与树冠保持 50 cm 左右距离，以保证棚内有一定的空气流动空间，防止树冠日灼危害。荫蔽度为 70% 左右，让树体接受一定的散射光，以保证树体光合作用的进行。成片栽植低矮灌木，可打地桩拉网遮阴，网高距苗木顶部 20 cm 左右。树木成活后，视生长情况和季节变化，逐步去掉遮阴物。

（5）防冻害

秋末植树要防冻害，根部受冻，影响吸水；枝干受冻，易失水干枯。在地表封冻前，小花灌木、绿篱根部须封土 3~5 cm，大树封土 20 cm 左右，裂缝要填平，特别是大树晃动产生的干基周围裂缝要及时填平，避免冷风吹入，也可在根颈部包稻草、涂白等。冬季应加强树体保护，减少冻害，若是夏季新植大树应搭遮阴网或架设小喷灌来营造小气候，一般的树木采用浇“冻水”和灌“春水”防寒，为保护易受冻的种类，可采用全株培土（周季、葡萄），根茎培土（高 30 cm）。涂白后，主干包草，搭风障等。

（6）栽植后管理

树木种植完成后，根据需要还要进行围护、复剪、清理现场等工作，这也是园林树木栽植过程中必不可少的环节。

树木定植后一定要加强管理，必要时用临时栏杆或拉绳进行围护，避免人为损坏，这是保证城市绿化成果的关键措施之一。即使没有围护条件的地方也必须派人巡查看管，防止人为破坏。在人流量较大的城市绿地中，往往把围护和树池处理结合起来，如设置成树池座凳或观赏型树池围栏等，具体形式可结合环境特点，也可以与支撑形式结合起来一起考虑。树池土壤可种植草坪、灌木，也可以用木屑、陶粒等透水透气材料覆盖。

树木种植工程结束后，应将施工现场彻底清理干净，其主要内容有整畦和清扫保洁。整畦是指对大畦灌水的畦埂整理整齐，畦内进行深中耕。全面清扫施工现场，将无用杂物处理干净，并注意保洁，真正做到文明工工。

二、各种园林树木的栽植技术

（一）落叶树

1. 落叶乔木

（1）掘苗

对胸径 3~10 cm 的乔木，可于春季化冻后至新芽萌动前或秋季落叶后，在地面以胸径的 8~10 倍为直径画圆断侧根，再在侧根以下 40~50 cm 处切断主根，打碎土球，将植株顺风向斜植于假植地，保持土壤湿润。运输时要将根部放在车槽前，干稍向后斜向安置。

（2）挖穴

依胸径大小确定栽植穴直径，土质疏松肥沃的可小些，石烁土、城市杂土应大些，但最小也要比根盘的直径大 20 cm，深则不小于 50 cm。

（3）定植

于穴中先填 15~20 cm 厚的松土，然后将苗木直立于穴中，使基部下沉 5~10 cm，以求稳固。在四周均匀填土，随填随夯实。填至距地面 8~10 cm 时开始做堰，堰高不低于 20 cm，并设临时支架防风。

（4）浇水

定植后及时浇头遍水，至满堰，第三日再浇两遍水，第七日浇第三遍水，水下渗后封堰。天气过于干燥时，过 10~15 天仍需开堰浇水，然后再封口。

（5）修剪

掘苗后进行。有主导枝的树种，如杨树、银杏、杜仲等，只将侧枝短截至 15~30 cm，而不动主导枝；无主导枝的树种，如国槐、刺槐、泡桐等，由地面以上 2.6~3.0 m 处截干，促生分枝；垂枝树种，如龙爪槐、垂枝榆等，留外向芽、短截，四周保持长短基本一致，株冠整齐。

2. 落叶灌木

（1）掘苗

植株一般高 1~2.5 m，土球直径按品种、规格而定。

（2）修剪

单干类或嫁接苗，如碧桃、榆叶梅、西府海棠，侧枝需短截；丛生类如海棠、绣线菊、天目琼花等，通常当时不做修剪，成活后再依实际情况整形。

（3）挖穴

穴径依株高、冠幅、根盘大小而定，通常比土球直径大 5~20 cm，土质较差的地区适当加大。

其他与落叶乔木相同。

3. 攀缘植物

（1）掘苗

大型种类通常留土球直径不小于 35 cm，如紫藤、葡萄、凌雪等；小型种类不小于 30 cm，如金银木、地锦、蔷薇等，1~2 年生苗可适当缩至 15~20 cm，不作长途运输的可裸根掘苗。

（2）修剪

大型种类于地面以上 2.6~3.0 m 处截干最为理想，过低则上架困难。葡萄应留主导枝，侧枝留 3~4 颗芽短截；小型种类可适当剪短，最短不小于 40 cm，小苗不作修剪。

（3）挖穴

通常挖沟栽植，沟宽 40~50 cm，深 40~50 cm，长依实际需要而定。穴栽时，穴直径要大于根盘 10~15 cm，小苗的增大范围可适当缩小。

其他与落叶乔木相同。

4. 小型花灌木

（1）掘苗

依丛株大小，通常挖土球直径 25~40 cm，深 25~30 cm，如迎春、紫叶小、金叶女贞、月季等，适栽季节也可以裸根移植。

（2）修剪

除月季需短截外，其他种类均在成活后整形。

（3）整地作畦

多数片植或团栽，翻地深 40 cm，土质差的过筛或换土，月季需施基肥，每 100 m 施肥量为 300~400 kg，其他观花类也应施基肥，观叶类可不施肥。

（二）常绿树

1. 常绿乔木

（1）掘苗

于春季新芽未萌动前或雨季新枝停止生长后或秋冬之际植株停止生长后进行。先浇透种植地，并将铺散的枝条用草绳捆拢。土球直径依据树木种类和移植季节确定。四周土掘开后，土表及底部切削成球形，用草袋或编织布等物包好，再用草绳捆牢，轻轻推向一侧。若采用机械吊装，受重的主干处要包上麻袋、编织布等物绑牢，吊装绳索拴于垫覆物上，以免损伤树皮而影响成活。

（2）定植

填一层松土，将苗置于穴中央。如土球是用草袋包裹的，松开即可；如是用编织袋、塑料薄膜包裹的，必须取下。然后设立支杆并用草绳捆牢，随即填土，随填随夯实，填至近地面时造堰，并松开枝条捆绑物。

（3）浇水

栽植后即要浇透水，且向枝叶喷水。第三日、第六日浇第二遍和第三遍水，水渗下后封堰。如遇干旱，10~15天后再开堰浇一次，随后封好。同时，种后10天内要每天向枝叶喷水3次，以后改为2次，直至新枝萌发，再逐步减少或停止。

其他措施同落叶乔木。

2. 常绿灌木

一般树高0.5~2 m，掘苗土球直径不小于30~40 cm，栽植穴直径不小于40~60 cm，深50 cm。栽植措施同落叶灌木。

（三）绿篱

1. 常绿绿篱

（1）掘苗

针叶树种常用作绿篱的有松柏、刺柏、侧柏、龙柏等，阔叶树种用作绿篱的有小叶黄杨、大叶黄杨等。一般带土球移植，可用简易蒲包或草袋包裹。黄杨苗在保湿条件下可不带土球，但掘苗后需泥浆。

（2）定植

定植前要在栽植沟外侧临时拉设标线或绳，以免栽歪。将包裹物拆除，苗与苗间以枝条与枝条稍交叉为宜，随栽随填土踏实。

（3）浇水

栽植后即浇水，并扶正出线苗，拆除定标线、绳。第三日浇二遍水，1周后浇第三遍水，渗下后封堰。若天气过于干旱，15天后仍应开堰浇水。浇第一遍水时同时喷水，以后每天2~3次，直至新芽萌发，再逐步减少次数。

（4）修剪

新芽萌动后月余设定标线，按定标线修剪。

2. 落叶树绿篱

于春季化冻后裸根掘苗，栽植时即行修剪。常用作绿篱的落叶树种有榆叶梅、紫穗槐、枸杞、贴梗海棠等，操作同常绿绿篱。

（四）丛生竹

（1）掘苗

于春季芽萌动前或雨季带土球及竹鞭掘苗，掘苗后要及时包裹，若近距离运输可不用包裹。

（2）定植

填部分松土后，栽入株丛，以主枝为直立点，使丛枝尽量直立，随填土随夯实，栽植深度比原生长深度深6~10 cm，栽后整畦作堰，堰高15~20 cm，需踏实。

（3）浇水

采用整畦漫灌方式并叶片喷水，保持土壤较湿，不能干旱，不封堰。至老叶部分脱落、新芽萌发后，方可减少浇水和喷水量，雨季来临后停止喷水。

第五章　园林绿化养护的实践

随着社会经济的发展，城市绿化的重要性已经得到政府和公众的认可。城市绿化的水平和质量直接反映了城市的环境质量和特点，从而直接反映了城市的发展水平和文明程度。只有不断地开发和创新园林工程的内容，才能满足人们对城市绿化环境的更高要求，进而改善人们的居住环境。在园林建设过程中，养护管理是园林绿化工程中的一项重要工作。做好这项工作，对社会经济的发展非常有利。

第一节　园林植物的土壤管理

一、土壤的概念和形成

土壤是园林植物生长发育的基础，也是其生命活动所需水分和营养的源泉。因此，土壤的类型和条件直接关系到园林植物能否正常生长。由于不同的植物对土壤的要求是不同的，栽植前了解栽植地的土壤类型，对于植物种类的选择具有重要的意义。据调查，园林植物生长地的土壤有以下几种类型。

1. 荒山荒地

荒山荒地的土壤还未深翻熟化，其肥力低，保水保肥能力差，不适宜直接作为园林植物的栽培土壤。如需荒山造林，则需要选择非常耐贫瘠的园林植物种类，如荆条、酸枣等。

2. 平原沃土

平原沃土适合大部分园林植物生长，是比较理想的栽培土壤，多见于平原地区城镇的园林绿化区。

3. 酸性红壤

我国长江以南地区常有红壤土。红壤土呈酸性，土粒细、结构不良。水分过多时，土粒吸水呈糊状；干旱时水分容易蒸发散失，土块易变得紧实坚硬，常缺乏氮、磷、钾等元素。许多植物不能适应这种土壤，因此需要改良。例如，增施有机肥、磷肥、石灰，扩大种植面，并将种植面连通，开挖排水沟或在种植面下层设排水层等。

4. 水边低湿地

水边低湿地的土壤一般比较紧实，水分多，但通气不良，而且北方低湿地的土质多带盐碱，对植物的种类要求比较严格，只有耐盐碱的植物能正常生长，如柳树、白蜡树、刺槐等。

5. 滨海地区的土壤

滨海地区如果是沙质土壤，盐分被雨水溶解后就能够迅速排出；如果是黏性土壤，因透水性差，会残留大量盐分。为此，应先设法排洗盐分，如采取淡水洗盐和增施有机肥等措施，再栽植园林植物。

6. 紧实土壤

城市土壤经长时间的人流践踏和车辆碾压，土壤密度增加，孔隙度降低，导致土壤通透性不良，不利于植物的生长发育。这类土壤需要先进行翻地松土，增添有机质后再栽植植物。

7. 人工土层

如建筑的屋顶花园、地下停车场、地下铁道、地下储水槽等上面栽植植物的土壤一般是人工修造的。人工土层这个概念是针对城市建筑过密现象而提出的解决土地利用问题的一种方法。由于人工土层没有地下毛细管水的供应，而且土壤的厚度受到限制，土壤水分容量小，因此人工土层如果没有及时的雨水或人工浇水，则土壤会很快干燥，不利于植物的生长。又由于土层薄，受外界温度变化的影响比较大，导致土壤温度变化幅度较大，对植物的生长也有较大的影响。由此可见，人工土层的栽植环境不是很理想。由于上述原因，人工土层中土壤微生物的活动也容易受影响，腐殖质的形成速度缓慢，由此可见人工土层的土壤构成选择很重要。为减轻建筑，特别是屋顶花园负荷和节约成本，要选择保水、保肥能力强，质地轻的材料，如混合硅石、珍珠岩、煤灰渣、草炭等。

8. 市政工程施工后的场地

在城市中由于施工将未熟化的新土翻到表层，使土壤肥力降低。机械施工、碾压，则会导致土壤坚硬、通气不良。这种土壤一般需要经过一定的改良才能保证植物的正常生长。

9. 煤灰土或建筑垃圾土

煤灰土或建筑垃圾土是在生活居住区产生的废物，如煤灰、垃圾、瓦砾、动植物残骸等形成的煤灰土以及建筑施工后留下的灰槽、灰渣、煤屑、沙石、砖瓦块、碎木等建筑垃圾堆积而成的土壤。这种土壤不利于植物根系的生长，一般需要在种植坑中换上比较肥沃的土壤。

10. 工矿污染地

由于矿山、工厂等排出的废物中的有害成分污染土地，致使树木不能正常生长。此时除选择抗污染能力强的树种外，也可以换土，不过换土成本太高。

除以上类型外，还有盐碱土、重黏土、沙砾土等土壤类型。在栽植前应充分了解土壤类型，然后根据具体的植物种类和土壤类型，有的放矢地选择植物种类或改良土壤的方法。

二、园林植物栽植前的整地

整地包括土壤管理和土壤改良两个方面，它是保证园林植物栽植成活和正常生长的有效措施之一。很多类型的土壤需要经过适当调整和改造，才能适合园林植物的生长。不同的植物对土壤的要求是不同的，但是一般而言，园林植物都要求保水保肥能力好的土壤，而在干旱贫瘠或水分过多的土壤上，往往会导致植物生长不良。

1. 整地的方法

园林植物栽植地的整地工作包括适当整理地形、翻地、去除杂物、碎土、耙平、填压土壤等内容，具体方法应根据具体情况进行。

（1）一般平缓地区的整地

对于坡度在8°以下的平缓耕地或半荒地，可采取全面整地的方法。常翻耕30 cm深，以利于蓄水保墒。对于重点区域或深根性树种可深翻50 cm，并增施有机肥以改良土壤。为利于排除过多的雨水，平地整地要有一定坡度，坡度大小要根据具体地形和植物种类而定，如铺种草坪，适宜坡度为2%~4%。

（2）工程场地地区的整地

工程场地地区整地之前，应先清除遗留的大量灰渣、沙石、砖石、碎木及建筑垃圾等，在土壤污染严重或缺土的地方应换入肥沃土壤。如有经夯实或机械碾压的紧实土壤，整地时应先将土壤挖松，并根据设计要求做地形处理。

（3）低湿地区的整地

低湿地区由于土壤紧实、水分过多、通气不良，又多带盐碱、常使植物生长不良。可以采用挖排水沟的办法，先降低地下水位防止返碱，再行栽植。具体办法是在栽植前一年，每隔20 m左右挖一条1.5~2.0 m宽的排水沟，并将挖出的表土翻至一侧培成垅台。经过一个生长季的雨水冲洗，土壤盐碱含量减少，杂草腐烂，土质疏松，不干不湿，再在垅台上栽植。

（4）新堆土山的整地

园林建设中由挖湖堆山形成的人工土山，在栽植前要先令其经过至少一个雨季的自然沉降，再整地植树。由于这类土山多数不太大，坡度较缓，又全是疏松新土，整地时可以按设计要求进行局部的自然块状调整。

（5）荒山整地

在荒山上整地，要先清理地面，挖出枯树根，搬除可以移动的障碍物。坡度较缓、土层较厚时，可以用水平带状整地法，即沿低山等高线整成带状，因此又称环山水平线整地。在水土流失较严重或急需保持水土、使树木迅速成林的荒山上，则应采用水平沟整地或鱼鳞坑整地，也可以采用等高撩壕整地法。在我国北方土层薄、土壤干旱的荒山上常用鱼鳞坑整地，南方地区常采用等高撩壕整地。

2. 整地时间

整地时间的早晚关系着园林栽植工程的完成情况和园林植物的生长效果。一般情况下应在栽植前三个月以上的时期内（最好经过一个雨季）完成整地工作，以便蓄水保墒，并可保证栽植工作及时进行，这一点在干旱地区尤其重要。如果现整现栽，栽植效果将会大受影响。

三、园林植物生长过程中的土壤改良

园林植物生长过程中的土壤改良和管理的目的是，通过各种措施来提高土壤的肥力，改善土壤结构和理化性质，不断供应园林植物所需的水分与养分，为其生长发育创造良好的条件。同时结合其他措施，维持园林地形地貌整齐美观，防止土壤被冲刷和尘土飞扬，增强园林景观效果。

园林绿地的土壤改良不同于农田的土壤改良，不可能采用轮作、休闲等措施，只能采用深翻、增施有机肥、换土等手段来完成，以保持园林植物正常生长几十年至几百年。园林绿地的土壤改良常采用的措施有深翻熟化、土壤化学改良、生物改良、疏松剂改良、培土（压土与掺沙）管理措施改良和客土栽培等。

1. 深翻熟化

对植物生长地的土壤进行深翻，有利于改善土壤中的水分和空气条件，使土壤微生物活动增加，促进土壤熟化，使难溶性营养物质转化为可溶性养分，有助于提高土壤肥力。如果深翻时结合增施适当的有机肥，还可改善土壤结构和理化性质，促使土壤团粒结构的形成，提高孔隙度。

对于一些深根性园林植物，深翻整地可促使其根系向纵深发展；对一些重点树种进行适时深耕，可以保证供给其随年龄的增长而增加的水、肥、气、热的需要。采取合理深翻、适量断根措施后，可刺激植物发生大量的侧根和须根，提高吸收能力，促使植株健壮、叶片浓绿、花芽形成良好。深翻还可以破坏害虫的越冬场所，有效消灭地下害虫，减少害虫数量。因此，深翻熟化不仅能改良土壤，而且能促进植物生长发育。

深翻主要的适用对象为片林、防护林、绿地内的丛植树、孤植树下边的土壤。对一些城市中的公共绿化场所，如有铺装的地方，就不适宜用深翻措施，可以借助其他方式（如打孔法）解决土壤透气、施肥等问题。

（1）深翻时间

深翻时间一般以秋末冬初为宜。此时，地上部分生长基本停止或趋于缓慢，同化产物消耗减少，并已经开始回流积累。深翻后正值根部秋季生长高峰，伤口容易愈合，容易发出部分新根，吸收和合成营养物质积累在树体内，有利于树木翌年的生长发育；深翻后经过冬季，有利于土壤风化积雪保墒；深翻后经过大量灌水，土壤下沉，土粒与根系进一步密接，有助于根系生长。早春土壤化冻后也可及早进行深翻，此时地上部分尚处于休眠期，根系活动刚开始，生长较为缓慢，伤根后也较易愈合再生（除某些树种外）。由于春季养护管理工作繁忙，劳动力紧张，往往会影响深翻工作的进度。

（2）深翻深度

深翻深度与地区、土壤种类、植物种类等有关，一般为60~100 cm。在一定范围内，翻得越深效果越好，适宜深度最好距根系主要分布层稍深、稍远一些，以促进根系向纵深生长，扩大吸收范围，提高根系的抗逆性。黏重土壤深翻应较深，沙质土壤可适当浅耕。地下水位高时深翻宜浅，下层为半风化的岩石时则宜加深以增厚土层。深层为砾石，应翻得深些，拣出砾石并换好土，以免肥、水淋失。地下水位低、土层厚、栽植深根性植物时则宜深翻，反之则浅。下层有黄淤土、白干土、胶泥板或建筑地基等残存物时深翻深度则以打破此层为宜，以利于渗水。

为提高工作效率，深翻常结合施肥、灌溉同时进行。深翻后的土壤，常维持原来的层次不变，就地耕松掺施有机肥后，再将新土放在下部，表土放在表层。有时为了促使新土迅速熟化，也可将较肥沃的表土放置沟底，而将新土覆在表层。

（3）深翻范围

深翻范围视植物配置方式确定。如是片林、林带，由于梢株密度较大可全部深翻；如是孤植树，深翻范围应略大于树冠投影范围。深度由根茎向外由浅至深，以放射状逐渐向外进行，以不损伤2 cm以上粗根为度。为防止一次伤根过多，可将植株周围土壤分成四份，分两次深翻。

对于有草坪或有铺装的树盘，可以结合施肥采用打孔的方法松土，打孔范围可适当扩大。对于一些土层比较坚硬的土壤，因无法深翻，可以采用爆破法松土，以扩大根系的生长吸收范围。由于该法需在公安机关批准后才能应用，且在离建筑物近、有地面铺装或公共活动场所等地不能使用，故该法在园林上应用还比较少。

2. 土壤化学改良

（1）施肥改良

施肥改良以施有机肥为主，有机肥能增加土壤的腐殖质，提高土壤保水保肥能力，改良熟土的结构，增加土壤的孔隙度，调节土壤的酸碱度，从而改善土壤的水、肥、气、热状况。常用的有机肥有厩肥、堆肥、禽肥、鱼肥、饼肥、人粪尿、土杂肥、绿肥以及城市中的垃圾等，但这些有机肥均需经过腐熟发酵后才可使用。

（2）调节土壤酸碱度

土壤的酸碱度主要影响土壤养分的转化与有效性、土壤微生物的活动和土壤的理化性质等，因此与园林植物的生长发育密切相关。绝大多数园林植物适宜中性至微酸性的土壤，然而我国许多城市的园林绿地中，南方城市的土壤 pH 值常偏低，北方常偏高。土壤酸碱度的调节是一项十分重要的土壤管理工作。

①土壤的酸化处理。土壤酸化是指对偏碱性的土壤进行必要的处理，使其 pH 值有所降低，从而适宜酸性园林植物的生长。目前，土壤酸化主要通过施用释酸物质来调节，如施用有机肥料、生理酸性肥料、硫黄等，通过这些物质在土壤中的转化，产生酸性物质，降低土壤的 pH 值。如盆栽园林植物可用 1∶50 的硫酸铝钾，或 1∶180 的硫酸亚铁水溶液浇灌来降低盆栽土的 pH 值。

②土壤碱化处理。土壤碱化是指往偏酸的土壤中施加石灰、草木灰等碱性物质，使土壤 pH 值有所提高，从而适宜一些碱性园林植物生长。比较常用的是农业石灰，即石灰石粉（碳酸钙粉）。使用时石灰石粉越细越好（生产上一般用 300~450 目），这样可增加土壤内的离子交换强度，以达到调节土壤 pH 值的目的。

3. 生物改良

（1）植物改良

植物改良是指通过有计划地种植地被植物来达到改良土壤的目的。其优点是一方面能增加土壤可吸收养分与有机质含量，改善土壤结构，降低蒸发，控制杂草丛生，减少水、土、肥流失与土湿的日变幅，又利于园林植物根系生长；另一方面，是在增加绿化量的同时避免地表裸露，防止尘土飞扬，丰富园林景观。这类地被植物的一般要求是适应性强，有一定的耐阴、耐践踏能力，根系有一定的固氮力，枯枝落叶易于腐熟分解，覆盖面大，繁殖容易，并有一定的观赏价值。常用的种类有五加、地瓜藤、胡枝子、金银花、常春藤、金丝桃、金丝梅、地锦、络石、扶芳藤、荆条、三叶草、马蹄金、萱草、沿阶草、玉簪、羽扇豆、草木樨、香豌豆等，各地可根据实际情况灵活选用。

（2）动物与微生物改良

利用自然土壤中存在的大量昆虫、原生动物、线虫、菌类等改善土壤的团粒结构、通气状况，促进岩石风化和养分释放，加快动植物残体的分解，有助于土壤的形成和营养物质转化。利用动物与微生物改良土壤，一方面，要加强土壤中现有有益动物种类的保护，对土壤施肥、农药使用、土壤与水体污染等问题要严格控制，为动物创造一个良好的生存环境；另一方面，使用生物肥料，如根瘤菌、固氮菌、磷细菌、钾细菌等，这些生物肥料含有多种微生物，它们生命活动的分泌物与代谢产物，既能直接给园林植物提供某些营养元素、激素类物质、各种酶等，促进树木根系的生长，又能改善土壤的理化性能。

4. 疏松剂改良

使用土壤疏松剂，可以改良土壤结构和生物学活性，调节土壤酸碱度，提高土壤肥力。如国外生产上广泛应用的聚丙烯酰胺，是人工合成的高分子化合物，使用时先把干粉溶于 80℃以上的热水，制成 2% 的母液，再稀释 10 倍浇灌至 5 cm 深的土层中，通过其离子键、氢键的吸引使土壤形成团粒结构，从而优化土壤水、肥、气、热的条件，达到改良土壤的目的，其效果可达 3 年以上。

土壤疏松剂的类型可大致分为有机、无机和高分子三种。其主要功能是蓬松土坡，提高置换容量，促进微生物活动；增加孔隙，协调保水与通气性、透水性；使土壤粒子团粒化。目前，我国大量使用的疏松剂以有机类型为主，如泥炭、锯末粉、谷糠、腐叶土、腐殖土、家畜厩肥等。这些材料来源广泛，价格便宜，效果较好，使用时要先发酵腐熟，并与土壤混合均匀。

5. 培土（压土与掺沙）

培土改良的方法在我国南北各地区普遍采用，具有增厚土层、保护根系、增加营养、改良土壤结构等作用。在高温多雨、土壤流失严重或土层薄的地区可以采用培土措施，以促进植物健壮生长。

北方寒冷地区培土一般在晚秋初冬进行，可起到保温防冻、积雪保墒的作用。压土掺沙后，土壤经熟化、沉实，有利于园林植物的生长。

培土时应根据土质确定培土基质类型，如土质黏重的应培含沙质较多的疏松肥土甚至河沙；含沙质较多的可培塘泥、河泥等较熟重的肥土和腐殖土。培土量和厚度要适宜，过薄起不到压土作用，过厚对植物生长不利。沙压黏或黏压沙时要薄一些，一般厚度为 5~10 cm，压半风化石块可厚些，但不要超过 15 cm。如连续多年压土，土层过厚会抑制根系呼吸，而影响植物生长和发育。有时为了防止接穗生根或对根系的不良影响，可适当扒土露出根茎。

6. 管理措施改良

（1）松土透气、控制杂草

松土、除草可以切断土壤表层的毛细管，减少土壤蒸发，防止土壤泛碱，改善土壤通气状况，促进土壤微生物活动和难溶养分的分解，提高土壤肥力。早春松土，可以提高土温，有利于根系生长；清除杂草也可以减少病虫害。

松土、除草的时间，应在天气晴朗或者初晴之后土壤不干又不湿时进行，才可获得最大的保墒效果。

（2）地面覆盖与地被植物

利用有机物或活的植物体覆盖地面，可以减少水分蒸发、减少地表径流、减少杂草生长、增加土壤有机质、调节土壤温度、为园林植物生长创造良好的环境。若在生长季覆盖，以后把覆盖物翻入土中，可增加土壤有机质，改善土壤结构，提高土壤肥力。覆盖的材料以就地取材、经济实用为原则，如杂草、谷草、树叶、泥炭等均可，也可以修剪草坪的碎草用以覆盖。覆盖时间选在生长季节温度较高而较干旱时进行较好，覆盖的厚度以 3~6 cm 为宜，鲜草 5~6 cm，过厚会有不利的影响。

除地面覆盖外，还可以用一、二年生或多年生的地被植物如绿豆、黑豆、苜蓿、苕子、猪屎豆、紫云英、豌豆、草木樨、羽扇豆等改良土壤。对这类植物的要求是适应性强、有一定的耐阴力、覆盖作用好、繁殖容易、与杂草竞争的能力强，但与园林植物的矛盾不大，同时还要有一定的观赏价值和经济价值。这些植物除有覆盖作用之外，在开花期翻入土内，可以增加土壤有机质，也起到施肥的作用。

7. 客土栽培

所谓客土栽培，就是将其他地方土质好、比较肥沃的土壤运到本地来，代替当地土壤，然后进行栽植的土壤改良方式。此法改良效果较好，但成本高，不利于广泛应用。客土应选择土质好、运送方便、成本低、不破坏或不影响基本农田的土壤，有时为了节约成本，可以只对熟土层进行客土栽植，或者采用局部客土的方式，如只在栽植坑内使用客土。客土也可以与施有机肥等土壤改良措施结合应用。

园林植物在遇到以下情况时需要进行客土栽培：

①有些植物正常生长需要的土壤有一定酸碱度，而本地土壤又不符合要求，这时要对土壤进行处理和改良。例如，在北方栽植杜鹃、山茶等酸性土植物，应将栽植区全换成酸性土。如果无法实现全换土，至少也要加大种植坑，倒入山泥、草炭土、腐叶土等并混入有机肥料，以符合对酸性土的要求。

②栽植地的土壤无法适宜园林植物生长的，如坚土、重黏土、沙砾土及被有毒的工业废物污染的土壤等，或在清除建筑垃圾后仍不适宜栽植的土壤，应增大栽植面，全部或部分换入肥沃的土壤。

第二节 园林植物的灌排水管理

水分是植物的基本组成部分，植物体质量的40%~80%是由水分组成的，植物体内的一切生命活动都是在水的参与下进行的。只有水分供应适宜，园林植物才能充分发挥其观赏效果和绿化功能。

一、园林植物科学水分管理的意义

1. 做好水分管理，保障园林植物的健康生长

做好水分管理是园林植物健康生长和正常发挥功能与观赏特性的保障。植株缺乏水分时，轻者会植株萎蔫，叶色暗淡，新芽、幼苗过早脱落，重者新梢停止生长，枝叶发黄变枯、脱落，甚至整株干枯死亡。水分过多时会造成植株徒长，引起倒伏，抑制花芽分化，延迟开花期，易出现烂花、落蕾、落果现象，甚至引起烂根。

2. 做好水分管理，可改善园林植物的生长环境

水分不但对园林绿地的土壤和气候环境有良好的调节作用，还与园林植物病虫害的发生密切相关。如在高温季节进行喷灌可降低土温，提高空气湿度，调节气温，避免强光、高温对植物的伤害；干旱时土壤洒水，可以改善土壤微生物生活环境，促进土壤有机质的分解。

3. 做好水分管理，可节约水资源，降低养护成本

我国是缺水国家，水资源十分有限，而目前的绿化用水大多为自来水，与生产、生活用水的矛盾十分突出。因此，制订科学合理的园林植物水分管理方案，实施先进的灌排技术，确保园林植物对水分需求的同时减少水资源的损失浪费，降低养护管理成本，是我国现阶段城市园林管理的客观需要和必然选择。

二、园林植物的需水特性

了解园林植物的需水特性，是制订科学的水分管理方案、合理安排灌排水工作、适时适量满足园林植物水分需求、确保园林植物健康生长的重要依据。园林植物的需水特性主要与以下因素有关。

1. 园林植物种类

不同的园林植物种类、品种对水分需求有较大的差异，应区别对待。一般来说，生长速度快，生长期长，花、果、叶量大的种类需水量较大；反之，需水量较小。因此，通常乔木比灌木，常绿树比落叶树，阳性植物比阴性植物，浅根性植物比深根性植物，中生、湿生植物比旱生植物需要较多的水分。需注意的是，需水量大的种类不一定需常湿，需水量小的也不一定可常干，而且耐旱力与耐湿力并不完全呈负相关关系。如抗旱能力比较强的紫槐，其耐水湿能力也很强。刺槐同样耐旱，却不耐水湿。

2. 园林植物的生长发育阶段

就园林植物的生命周期而言，种子萌发时需水量较大；幼苗期由于根

系弱小而分布较浅，抗旱力差，虽然植株个体较小，总需水量不大，但必须经常保持土壤适度湿润；随着逐渐长大，植株总需水量有所增加，对水分的适应能力也有所增强。

在年生长周期中，生长季的需水量大于休眠期。秋冬季大多数园林植物处于休眠或半休眠状态，即使常绿树种生长也极为缓慢，此时应少浇或不浇水，以防烂根；春季园林植物大量抽枝展叶，需水量逐渐增大；夏季是园林植物需水高峰期，都应根据降水情况及时灌、排水。在生长过程中，许多园林植物都有一个对水分需求特别敏感的时期，即需水临界期，此时如果缺水将严重影响植物枝梢生长和花的发育，以后即使供给更多的水分也难以补偿。需水临界期因气候及植物种类的不同而不同，一般来说，呼吸、蒸腾作用最旺盛时期以及观果类果实迅速生长期都要求有充足的水分。由于相对干旱会促使植物枝条停止伸长生长，使营养物质向花芽转移，因而在栽培上常采用减水、断水等措施来促进花芽分化。如梅花、碧桃、榆叶梅、紫荆等花园木，在营养生长期即将结束时适当浇水，少浇或停浇几次水，能提早和促进花芽的形成和发育，从而达到开花繁茂的观赏效果。

3. 园林植物栽植年限

刚刚栽植的园林植物，根系损伤大，吸收功能减弱，根系在短期内难与土壤密切接触，常需要多次、反复灌水才可能成活。如果是常绿树种，有时还需对枝叶喷雾。待栽植一定年限后进入正常生长阶段，地上部分与地下部分建立了新的平衡，需水的迫切性会逐渐下降，此时不必经常灌水。

4. 园林植物观赏特性

因受水源、灌溉设施、人力、财力等因素限制，实际园林植物管理中常难以对所有植物进行同等灌溉，而要根据园林植物的观赏特性来确定灌溉的侧重点。一般需水的优先对象是观花植物、草坪、珍贵树种、孤植树、古树、大树等观赏价值高的树木以及新栽植物。

5. 环境条件

生长在不同气候、地形、土壤等条件下的园林植物，其需水状况也有较大差异。在气温高、日照强、空气干燥、风大的地区，叶面蒸腾和植株间蒸发均会加强，园林植物的需水量就大，反之则小。另外，土壤的质地、结构与灌水也密切相关。如沙土保水性较差，应“小水勤浇”；较黏重土壤保水力强，灌溉次数和灌水量均应适当减少。栽植在铺装地面或游人践踏严重区域的植物，应给予经常性的地上喷雾，以补充土壤水分的不足。

6. 管理技术措施

管理技术措施对园林植物的需水情况有较大影响。一般来说，经过合理的深翻、中耕，并经常施用有机肥料的土壤，其结构性能好，蓄水保墒能力强，土壤水分的有效性高，能及时满足园林植物对水分的需求，因而灌水量较小。

栽培养护工作过程中，灌水应与其他技术措施密切结合，以便于在相互影响下更好地发挥每个措施的积极作用，如灌溉与施肥、除草、培土、覆盖等管理措施相结合，既可保墒，减少土壤水分的消耗，满足植物水分的需求，还可减少灌水次数。

三、园林植物的灌水

1. 灌水的水源类型

灌水质量的好坏直接影响园林植物的生长，雨水、河水、湖水、自来水、井水及泉水等都可作为灌溉水源。这些水中的可溶性物质、悬浮物质以及水温等各有不同，对园林植物生长的影响也不同。如雨水中含有较多的二氧化碳、氨和硝酸，自来水中含有氯，这些物质不利于植物生长；而井水和泉水的温度较低，直接灌溉会伤害植物根系，最好在蓄水池中经短期增温充气后利用。总之，园林植物灌溉用水不能含有过多的对植物生长有害的有机、无机盐类和有毒元素及其化合物，水温要与气温或地温接近。

2. 灌水的时期

园林植物除定植时要浇大量的定根水外，其灌水时期大体分为生长期灌水和休眠期灌水两种。具体灌水时间由一年中各个物候期植物对水分的要求、气候特点和土壤水分的变化规律等决定。

（1）生长期灌水

园林植物的生长期灌水可分为花前灌水、花后灌水和花芽分化期灌水三个时期。

①花前灌水。花前灌水可在萌芽后结合花前追肥进行，具体时间因地、因植物种类而异。

②花后灌水。多数园林植物在花谢后半个月左右进入新的迅速生长期，此时如果水分不足，新梢生长将会受到抑制，一些观果类植物此时如果缺水则易引起大量落果，影响以后的观赏效果。夏季是植物的生长旺盛期，

此期形成大量的干物质，应根据土壤状况及时灌水。

③花芽分化期灌水。园林植物一般是在新梢生长缓慢或停止生长时开始花芽分化，此时也是果实的迅速生长期，都需要较多的水分和养分。若水分供应不足，则会影响果实生长和花芽分化。因此，在新梢停止生长前要及时而适量地灌水，可促进春梢生长而抑制秋梢生长，也有利于花芽分化和果实发育。

（2）休眠期灌水

在冬春严寒干旱、降水量比较少的地区，休眠期灌水非常必要。秋末或冬初的灌水一般称为灌“封冻水”，这次灌水是非常必要的，因为冬季水结冻、放出潜热有利于提高植物的越冬能力和防止早春干旱。对于一些引种或越冬困难的植物以及幼年树木等，灌封冻水更为必要。早春灌水，不但有利于新梢和叶片的生长，还有利于开花与坐果，同时还可促使园林植物健壮生长，是花繁果茂的关键。

（3）灌水时间的注意事项

在夏季高温时期，灌水最佳时间是在早、晚，这样可以避免水温与土温及气温的温差过大，减少对植物根系的刺激，有利于植物根系的生长。冬季则相反，灌水最好于中午前后进行，这样可使水温与地温温差减小，减少对根系的刺激，也有利于地温的恢复。

3. 灌水量

灌水量受植物种类、品种、土质、气候条件、植株大小、生长状况等因素的影响。一般而言，耐干旱的植物洒水量少些，如松柏类；喜湿润的植物洒水量要多些，如水杉、山茶、水松等；含盐量较多的盐碱地，每次洒水量不宜过多，灌水浸润土壤深度不能与地下水位相接，以防返碱和返盐；保水保肥力差的土壤也不宜大水灌溉，以免造成营养物质流失，使土壤逐渐贫瘠。

在有条件灌溉时，切忌表土打湿而底土仍然干燥，如土壤条件允许，应灌饱灌足。如已成年大乔木，应灌水令其渗透到 80~100 cm 深处。洒水量一般以达到土壤最大持水量的 60%~80% 为适宜标准。园林植物的灌水量的确定可以借鉴目前果园灌水量的计算方法，根据土壤的持水量、灌溉前的土壤湿度、土壤容重、要求土壤浸湿的深度，计算出一定面积的灌水量，即

灌水量 = 灌溉面积 × 要求土壤浸湿深度 × 土壤容重 ×（田间持水量 – 灌溉前土壤湿度）

每次灌水前均需测定田间持水量、土壤容重、土壤浸湿深度等项，可数年测定一次。为了更符合灌水时的实际情况，用此公式计算出的灌水量，可根据具体的植物种类、生长周期、物候期以及日照、温度、干旱持续的长短等因素进行或增或减的调整。

4. 灌水方法和灌水顺序

正确的灌水方法可有利于使水分分布均匀、节约用水、减少土壤冲刷、保持土壤的良好结构、并充分发挥灌水效果。随着科学技术的发展，灌水方法不断改进，正朝着机械化、自动化方向发展，灌水效率和灌水效果均大幅度提高。

四、园林植物的排水

园林植物的排水是防涝的主要措施。其目的是减少土壤中多余的水分以增加土壤中空气的含量，促进土壤空气与大气的交流，提高土壤温度，激发好气性微生物的活动，加快有机物质的分解，改善植物的营养状况，使土壤的理化性状得到改善。

排水不良的土壤经常发生水分过多而缺乏空气的情况，迫使植物根系进行无氧呼吸并积累乙醇造成蛋白质凝固，引起根系生长衰弱以致死亡；土壤通气不良会造成嫌气微生物活动促使反硝化作用发生，从而降低土壤肥力；而有些土壤，如黏土，在大量施用硫酸铵等化肥或未腐熟的有机肥后，若遇土壤排水不良，这些肥料将进行无氧分解，从而产生大量的一氧化碳、甲烷、硫化氢等还原性物质，严重影响植物地下部分与地上部分的生长发育。因此排水与灌水同等重要，特别是对耐水力差的园林植物更应及时排水。

1. 需要排水的情况

在园林植物遇到下列情况之一时，需要进行排水。

①园林植物生长在低洼地区，当降雨强度大时汇集大量地表径流而又不能及时渗透，形成季节性涝湿地。

②土壤结构不良，渗水性差，特别是有坚实不透水层的土壤，水分下渗困难，形成过高的假地下水位。

③园林绿地临近江河湖海，地下水位高或雨季易遭淹没，形成周期性的土壤过湿。

④平原或山地城市，在洪水季节有可能因排水不畅，形成大量积水。

⑤在一些盐碱地区，土壤下层含盐量很高，如不及时排水洗盐，盐分会随水位的上升而到达表层，造成土壤次生盐渍化，很不利于植物生长。

2. 排水方法

园林植物的排水是一项专业性基础工程，在园林规划和土建施工时应统筹安排，建好畅通的排水系统。园林植物常见的排水方法有以下几种。

（1）明沟排水

在园林规划及土建施工时就应统筹安排，明沟排水是在园林绿地的地面纵横开挖浅沟，使绿地内外联通，以便及时排除积水。这是园林绿地常用的排水方法，关键在于做好全园排水系统。操作要点是先开挖主排水沟、支排水沟、小排水沟等，在绿地内组成一个完整的排水系统，然后在地势最低处设置总排水沟。这种排水系统的布局多与道路走向一致，各级排水沟的走向最好相互垂直，但在两沟相交处最好成锐角（45°~60°）相交，以利于排水流畅，防止相交处沟道阻塞。

明沟水方法适用于大雨后抢排积水，地势高低不平不易出现地表径流的绿地排水视水情而定，沟底坡度一般以 0.2%~0.5% 为宜。

（2）暗沟排水

暗沟排水是在地下埋设管道形成地下排水系统，将低洼处的积水引出，使地下水降到园林植物所要求的深度。暗沟排水系统与明沟排水系统基本相同，也有干管、支管和排水管之别。暗沟排水的管道多由塑料管、混凝土管或瓦管做成。建设时，各级管道需按水力学要求的指标组合施工，以确保水流畅通，防止淤塞。

暗沟排水方法的优点是不占地面、节约用地，并可保持地势整齐、便利交通，但造价较高，一般配合明沟排水应用。

（3）滤水层排水

滤水层排水实际就是一种地下排水方法，一般用于栽植在低洼积水地以及透水性极差的土地上的植物，或是针对一些极不耐水的植物在栽植之初就采取的排水措施。其做法是在植物生长的土壤下层填埋一定深度的煤渣、碎石等透水材料，形成滤水层，并在周围设置排水孔，遇积水就能及时排除。这种排水方法只能小范围使用，起到局部排水的作用。如屋顶花园、广场或庭院中的种植地或种植箱，以及地下商场、地下停车场等的地上部分的绿化排水等，都可采用这种排水方法。

（4）地面排水

地面排水又称地表径流排水，就是将栽植地面整成一定的坡度（一般在0.1%~0.3%，不要留下坑洼死角），保证多余的雨水能从绿地顺畅地通过道路、广场等地面集中到排水沟排走，从而避免绿地内植物遭受水淹。这种排水方法既节省费用又不留痕迹，是目前园林绿地使用最广泛、最经济的一种排水方法。不过这种排水方法需要在场地建设之初经过设计者精心设计安排，才能达到预期效果。

第三节　园林植物的养分管理

一、施肥的意义和作用

养分是园林植物生长的物质基础，养分管理是通过合理施肥来改善与调节园林植物营养状况的管理工作。

园林植物多为生长期和寿命较长的乔灌木，生长发育需要大量养分。而且园林植物多年长期生长在同一个地方，根系所达范围内的土壤中所含的营养元素（如氮、磷、钾以及一些微量元素）是有限的，吸收时间长了，土壤的养分就会减少，不能满足植株继续生长的需要。尤其是植株根系会选择性吸收一些营养元素，更会造成土壤中这类营养元素的缺乏。此外，城市园林绿地中的土壤常经过严重的践踏，土壤密实度大、密封度高，水气矛盾增加，会大大降低土壤养分的有效构成。同时由于园林植物的枯枝落叶常被清理，导致营养物质循环的中断，易造成养分的贫乏。如果植株生长所需营养不能及时得到补充，势必造成营养不良，轻则影响植株正常生长发育，出现黄叶、焦叶、生长缓慢、枯枝等现象，严重时甚至衰弱死亡。因此，要想确保园林植物长期健康生长，只有通过合理施肥，增强植物的抗逆性，延缓衰老，才能达到枝繁叶茂的最佳观赏效果。这种人工补充养分或提高土壤肥力，以满足园林植物正常生活需要的措施，称为“施肥”。施肥不但可以供给园林植物生长所必需的养分，还可以改良土壤理化性质，特别是施用有机肥料，可以提高土壤温度，改善土壤结构，使土壤疏松并提高透水、通气和保水能力，有利于植物的根系生长；同时还为土壤微生物的繁殖与活动创造有利条件，进而促进肥料分解，有利于植物生长。

二、园林植物的营养诊断

园林植物的营养诊断是指导施肥的理论基础，是将植物矿物质营养原理运用到施肥管理中的一个关键环节。根据营养诊断结果进行施肥，是园林植物科学化养护管理的一个重要标志，它能使园林植物施肥管理达到合理化、指标化和规范化。

1. 造成园林植物营养贫乏症的原因

引起园林植物营养贫乏症的具体原因很多，主要包括以下几点。

（1）土壤营养元素缺乏

土壤营养元素缺乏是引起营养贫乏症的主要原因。但某种营养元素缺乏到什么程度会发生营养贫乏症是一个复杂的问题，因为不同植物种类，即使同种的不同品种、不同生长期或不同气候条件都会有不同表现，所以不能一概而论。理论上说，每种植物都有对某种营养元素要求的最低限位。

（2）土壤酸碱度不合适

土壤 pH 值影响营养元素的溶解度，即有效性。有些元素在酸性条件下易溶解，有效性高，如铁、硼、锌、铜等，其有效性随 pH 值降低而迅速增加；另一些元素则相反，当土壤 pH 值升高至偏碱性时，其有效性增加，如钼等。

（3）营养成分的平衡

植物体内的各营养元素含量保持相对的平衡是保持植物体内正常代谢

的基本要求，否则会导致代谢紊乱，出现生理障碍。一种营养元素如果过量存在常会抑制植物对另一种营养元素的吸收与利用。这种现象在营养元素间是普遍存在的，当其作用比较强烈时，就会导致植物营养贫乏症的发生。生产中较常见的有磷—锌、磷—铁、钾—镁、氮—钾、氮—硼、铁—锰等。因此在施肥时需要注意肥料间的选择搭配，避免某种元素过多而影响其他元素的吸收与利用。

（4）土壤理化性质不良

如果园林植物因土壤坚实、底层有隔水层、地下水位太高或盆栽容器太小等限制根系的生长，会引发甚至加剧园林植物营养贫乏症的发生。

（5）其他因素

其他能引起营养贫乏症的因素有低温、水分、光照等。低温一方面可减缓土壤养分的转化，另一方面可削弱植物根系对养分的吸收能力，所以低温容易导致营养缺乏症的发生。雨量多少对营养缺乏症的发生也有明显的影响，主要表现为土壤过旱或过湿而影响营养元素的释放、流失及固定等，如干旱促发缺硼、钾及磷症，多雨容易促发缺镁症等。光照也影响营养元素吸收，光照不足对营养元素吸收的影响以磷最严重，因而在多雨少光照而寒冷的大气条件下，植物最易缺磷。

2. 园林植物营养诊断的方法

园林植物营养诊断的方法包括土壤分析、叶样分析、形态诊断等。其中，形态诊断是行之有效且常用的方法，它是根据园林植物在生长发育过程中缺少某种元素时，其形态上表现出的特定的症状来判断该植物所缺元素的种类和程度，此法简单易行、快速，在生产实践中很有实用价值。

（1）形态诊断法

植物缺乏某种元素，在形态上会表现某一症状，根据不同的症状可以诊断植物缺少哪一种元素。采用该方法的工作人员要有丰富的经验积累，才能准确判断。该诊断法的缺点是滞后性，即只有植物表现出症状才能判断，不能提前发现。

（2）综合诊断法

植物的生长发育状况一方面取决于某一养分的含量，另一方面与该养分同其他养分之间的平衡程度有关。综合诊断法是按植物产量或生长量的高低分为高产组和低产组，分析各组叶片所含营养物质的种类和数量，计算出各组内养分浓度的比值，然后用高产组所有参数中与低产组有显著差别的参数作为诊断指标，再用与被测植物叶片中养分浓度的比值与标准指标的偏差值评价养分的供求状况。

综合诊断法可对多种元素同时进行诊断，而且从养分平衡的角度进行诊断，符合植物营养的实际。该方法诊断比较准确，但不足之处是需要专业人员的分析、统计和计算，应用受到限制。

三、园林植物合理施肥的原则

1. 根据园林植物在不同物候期内需肥的特性

一年内园林植物要历经不同的物候期，如根系活动、萌芽、抽梢、长叶、休眠等。在不同物候期园林植物的生长重心是不同的，相应的所需营养元素也不同，园林植物体内营养物质的分配，也是以当时的生长重心为重心的。因此在每个物候期即将来临之前，及时施入当时生长所需要的营养元素，才能使植物正常生长发育。

在一年的生长周期内，早春和秋末是根系的生长旺盛期，需要吸收一定数量的磷，根系才能发达，伸入深层土壤。随着植物生长旺盛期的到来，需肥量逐渐增加，生长旺盛期以前或以后需肥量相对较少，在休眠期甚至不需要施肥。在抽梢展叶的营养生长阶段，对氮元素的需求量大。开花期与结果期，需要吸收大量的磷、钾肥及其他微量元素，植物开花才能鲜艳夺目，果实才能充分发育。总的来说，根据园林植物物候期差异，具体施肥有萌芽肥、抽梢肥、花前肥、壮花稳果肥以及花后肥等。

就园林植物的生命周期而言，一般幼年期，尤其是幼年的针叶类树种生长需要大量的氮肥，到成年阶段对氮元素的需要量减少；对处于开花、结果高峰期的园林植物，要多施些磷、钾肥；对古树、大树等树龄较长的要供给更多的微量元素，以增强其对不良环境因素的抵抗力。园林植物的根系往往先于地上部分开始活动，早春土壤温度较低时，在地上部分萌发之前，根系就已进入生长期，因此早春施肥应在根系开始生长之前进行，才能满足此时的营养物质分配，使根系向纵深方向生长。故冬季施有机肥，对根系来年的生长极为有利；而早春施速效性肥料时，不应过早施用，以免养分在根系吸收利用之前流失。

2. 园林植物种类不同，需肥期各异

园林绿地中栽植的植物种类很多，各种植物对营养元素的种类要求和施用时期各不相同，而观赏特性和园林用途也影响其施肥种类、施肥时间等。一般而言，观叶、赏形类园林植物需要较多的氮肥，而观花、观果类对磷、钾肥的需求量较大。如孤赏树、行道树、庭荫树等高大乔木类，为了使其春季抽梢发叶迅速，增大体量，常在冬季落叶后至春季萌芽前施用农家肥、饼肥、堆肥等有机肥料，使其充分熟化分解成易吸收利用的状态，供春季生长时利用，这对属于前期生长型的树木，如白皮松、黑松、银杏等特别重要。休眠期施基肥，对柳树、国槐、刺槐、悬铃木等全期生长型的树木的春季抽枝展叶也有重要作用。

对于早春开花的乔灌木，如玉兰、碧桃、紫荆、榆叶梅、连翘等，休眠期施肥对开花也具有重要作用。这类植物开花后及时施入以氮为主的肥料可有利于其枝叶形成，为来年开花结果打下基础。在其枝叶生长缓慢的花芽形成期，则施入以磷为主的肥料。总之，以观花为主的园林植物在花前和花后应施肥，以达到最佳的观赏效果。

对于在一年中可多次抽梢、多次开花的园林植物，如珍珠梅、月季等，每次开花后应及时补充营养，才能使其不断抽枝和开花，避免因营养消耗太大而早衰。这类植物一年内应多次施肥，花后施入以氮为主的肥料，既能促生新梢，又能促花芽形成和开花。若只施氮肥，容易导致枝叶徒长而梢顶不易开花的情况出现。

3. 根据园林植物吸收养分与外界环境的相互关系

园林植物吸收养分不仅取决于其生物学特性，还受外界环境条件如光、热、气、水、土壤溶液浓度等的影响。

在光照充足、温度适宜、光合作用强时，植物根系吸肥量就多；如果光合作用减弱，由叶输导到根系的合成物质减少了，则植物从土壤中吸收营养元素的速度也会变慢。同样当土壤通气不良或温度不适宜时，就会影响根系的吸收功能，也会发生类似上述的营养缺乏现象。土壤水分含量与肥效的发挥有着密切的关系。土壤干旱时施肥，由于不能及时稀释导致营养浓度过高，植物不能吸收利用反遭毒害，所以此时施肥有害无利。在有积水或多雨时施肥，肥分易淋失，会降低肥料利用率。因此，施肥时期应根据当地土壤水分变化规律、降水情况或结合灌水进行合理安排。

另外，园林植物对肥料的吸收利用还受土壤酸碱反应的影响。当土壤呈酸性反应时，有利于阴离子的吸收（如硝态氮）；当呈碱性反应时，则有利于阳离子的吸收（如铵态氮）。除了对营养吸收有直接影响外，土壤的酸碱反应还能影响某些物质的溶解度。如在酸性条件下，能提高磷酸钙和磷酸镁的溶解度；而在碱性条件下，则降低铁、硼和铝等化合物的溶解度，从而间接地影响植物对这些营养物质的吸收。

4. 根据肥料的性质施肥

施用肥料的性质不同，施肥的时期也有所不同。一些容易淋失和挥发的速效性肥或施用后易被土壤固定的肥料，如碳酸氢铵、过磷酸钙等，为了获得最佳施肥效果，适宜在植物需肥期稍前施用；而一些迟效性肥料，如堆肥、厩肥、圈肥、饼肥等有机肥料，因需腐烂分解、矿质化后才能被吸收利用，故应提前施用。

同一肥料因施用时期不同会有不同的效果。如氮肥或以含氮为主的肥料，由于能促进细胞分裂和延长，促进枝叶生长，并有利于叶绿素的形成，故应在春季植物展叶、抽梢、扩大冠幅之际大量施入；秋季为了使园林植物能按时结束生长，应及早停施氮肥，增施磷、钾肥，有利于新生枝条的老化，准备安全越冬。再如磷、钾肥，由于有利于园林植物的根系和花果的生长，故在早春根系开始活动至春夏之交，园林植物由营养生长转向生殖生长阶段时应多施入，以保证园林植物根系、花果的正常生长和增加开花量，提高观赏效果。同时磷钾肥还能增强枝干的坚实度，提高植物抗寒、抗病的能力，因此在园林植物生长后期（主要是秋季）应多施以提高园林植物的越冬能力。

四、园林植物的施肥时期

在园林植物的生产与管理中，施肥一般可分基肥和追肥。施用的要点是基肥施用的时期要早，而追肥施用得要巧。

1. 基肥

基肥是在较长时期内供给园林植物养分的基本肥料，主要是一些迟效性肥料，如堆肥、厩肥、圈肥、鱼肥、沤肥以及农作物的秸秆、树枝、落叶等，使其逐渐分解，提供大量元素和微量元素供植物在较长时间内吸收利用。

园林植物早春萌芽、开花和生长，主要是消耗体内储存的养分。如果植物体内储存的养分丰富，可提高开花质量和坐果率，也有利于枝繁叶茂、增强观赏效果。园林植物落叶前是积累有机养分的重要时期，这时根系吸收强度虽小，但是持续时间较长，地上部分制造的有机养分主要用于储藏。为了提高园林植物的营养水平，我国北方一些地区，多在秋分前后施入基肥，但时间宜早不宜晚，尤其是对观花、观果及从南方引种的植物更应早施，如施得过迟，会使植物生长停止时间推迟，降低植物的抗寒能力。

秋施基肥正值根系秋季生长高峰期，由施肥造成的伤根容易愈合并可发出新根。如果结合施基肥能再施入部分速效性化肥，就可以增加植物体内养分积累，为来年生长和发芽打好物质基础。秋施基肥，由于有机质有充分的时间腐烂分解，可提高矿质化程度，来年春天可及时供给植物吸收和利用。另外增施有机肥还可提高土壤孔隙度，使土壤疏松，有利于土壤积雪保墒，防止冬春土壤干旱，并可提高地温，减少根际冻害的发生。

春施基肥，因有机物没有充分的时间腐烂分解，肥效发挥较慢，在早春不能及时供给植物根系吸收，而到生长后期肥效才发挥作用，往往会造成新梢二次生长，对植物生长发育不利。特别是不利于某些观花、观果类植物的花芽分化及果实发育。因此，若非特殊情况（如由于劳动力不足秋季来不及施肥），最好在秋季施用有机肥。

2. 追肥

追肥又叫补肥，根据植物各生长期的需肥特点及时追肥，以调解植物生长和发育的矛盾。在生产上，追肥的施用时期常分为前期追肥和后期追肥。前期追肥又分为花前追肥、花后追肥和花芽分化期追肥。具体追肥时期与地区、植物种类、品种等因素有关，并要根据各物候期特点进行追肥。对观花、观果植物而言，花后追肥与花芽分化期追肥比较重要，而对于牡丹、珍珠梅等开花较晚的花木，这两次肥可合为一次。由于花前追肥和后期追肥常与基肥施用时期相隔较近，条件不允许时也可以不施，但对于花期较晚的花木类如牡丹等开花前必须保证追肥一次。

五、园林植物施肥量

园林植物施肥量包括肥料中各种营养元素的比例和施肥次数等数量指标。

1. 影响施肥量的因素

园林植物的施肥量受多种因素影响，如植物种类、树种习性、树体大小、植物年龄、土壤肥力、肥料种类、施肥时间与方法以及各个物候期需肥情况等，因此难以制定统一的施肥量标准。

在生产与管理过程中，施肥量过多或不足对园林植物生长发育均有不良影响。据报道，植物吸肥量在一定范围内随施肥量的增加而增加，超过一定范围，随着施肥量的增加而下降。施肥过多植物不能吸收，既造成肥料的浪费，又可能使植物遭受肥害；而施肥量不足则达不到施肥的目的。因此，园林植物的施肥量既要满足植物需求，又要以经济用肥为原则。以下情况可以作为确定施肥量的参考。

（1）不同的植物种类施肥量不同

不同的园林植物对养分的需求量是不一样的，如梧桐、梅花、桃、牡丹等植物喜肥沃土壤，需肥量比较大；而沙棘、刺槐、悬铃木、火棘、臭椿、荆条等则耐瘠薄的土壤，需肥量相对较少。开花、结果多的应较开花结果少的多施肥，生长势衰弱的应较生长势过旺或徒长的多施肥。不同的植物种类施用的肥料种类也不同，如以生产果实或油料为主的应增施磷、钾肥。一些喜酸性的花木，如杜鹃、山茶、栀子花、八仙花（绣球花）等，应施用酸性肥料，而不能施用石灰、草木灰等碱性肥料。

（2）根据对叶片的营养分析确定施肥量

植物的叶片所含的营养元素量可反映植物体的营养状况，所以近 20 年来，叶片营养分析法被广泛用来确定园林植物的施肥量。用此法不仅能查出肉眼见得到的缺素症状，还能分析出多种营养元素的不足或过剩，以及能分辨两种不同元素引起的相似症状，而且能在病症出现前及早测知。

另外，在施肥前还可以通过土壤分析来确定施肥量，此法更为科学和可靠。但此法易受设备、仪器等条件的限制，以及由于植物种类、生长期不同等因素影响，所以比较适合用于大面积栽培且植物种类比较集中的生产与管理。

2. 施肥量的计算

关于施肥量的标准有许多不同的观点。在我国，有的地方以园林树木每厘米胸径 0.5 kg 的标准作为计算施肥量依据的。但就同一种园林植物而言，化学肥料、追肥、根外施肥的施肥量一般较有机肥料、基肥和土壤施肥要低些，要求也更严格。一般情况下，化学肥料的施用量不宜超过 3%，而叶面施肥多为 0.1%~0.3%，一些微量元素的施肥量应更低。

随着电子技术的发展，对施肥量的计算也越来越科学与精确。目前园林植物施肥量的计算方法常参考果树生产与管理上所用的计算方法。通过下面的公式能精确地计算出施肥量，但前提是先要测定出园林植物各器官每年从土壤中吸收各营养元素的肥量，减去土壤中能供给的量，同时还要考虑肥料的损失。

施肥量 =(园林植物吸收肥料元素量 – 土壤供给量)/ 肥料利用率

此计算方法需要利用计算机和电子仪器等设备先测出一系列精确数据，然后计算施肥量，由于设备条件的限制和在生产管理中的实用性与方便性等问题，目前在我国的园林植物管理中还没有得到广泛应用。

六、施肥的方法

根据施肥部位的不同，园林植物的施肥方法主要有土壤施肥和根外施肥两大类。

1. 土壤施肥

土壤施肥就是将肥料直接施入土壤中，然后通过植物根系进行吸收的施肥，它是园林植物主要的施肥方法。

土壤施肥深度由根系分布层的深浅而定，根系分布的深浅又因植物种类而异。施肥时将肥料施在吸收根集中分布区附近，才能被根系吸收利用，充分发挥肥效，并引导根系向外扩展。从理论上来讲，在正常情况下，园林植物的根系多数集中分布在地下 10~60 cm 深范围内，根系的水平分布范围多数与植物的冠幅大小相一致，即主要分布在冠幅外围边缘垂直投影的圆周内，故可在冠幅外围与地面的水平投影处附近挖掘施肥沟或施肥坑。由于许多园林树木常常经过造型修剪，其冠幅大大缩小，导致难以确定施肥范围。在这种情况下，有专家建议，可以将离地面 30 cm 高处的树干直径值扩大 10 倍，以此数据为半径、树干为圆心，在地面画出的圆周边即为吸收根的分布区，该圆周附近处即为施肥范围。

一般比较高大的园林树木类土壤施肥深度应在 20~50 cm，草本和小灌木类相应要浅一些。事实上，影响施肥深度的因素有很多，如植物种类、树龄、水分状况、土壤和肥料种类等。一般来说，随着树龄的增加，施肥时要逐年加深，并扩大施肥范围，以满足树木根系不断扩大的需要。一些移动性较强的肥料种类（如氮素）由于在土壤中移动性较强，可适当浅施，随灌溉或雨水渗入深层；而移动困难的磷、钾等元素，应深施在吸收根集中分布层内，直接供根系吸收利用，减少土壤的吸附，充分发挥肥效。

目前生产上常见的土壤施肥方法有全面施肥、沟状施肥和穴状施肥等，爆破施肥法也有少量应用。

（1）全面施肥

全面施肥分洒施与水施两种。洒施是将肥料均匀地洒在园林植物生长的地面，然后翻入土中。其优点是方法简单、操作方便、肥效均匀，但不足之处是施肥深度较浅、养分流失严重、用肥量大、并易诱导根系上浮而降低根系抗性。此法若与其他施肥方法交替使用则可取长补短，充分发挥肥料的功效。

水施是将肥料随洒水时施入，施入前，一般需要以根基部为圆心，内外 30~50 cm 处做围堰，以免肥水四处流溢。该法供肥及时，肥效分布均匀，既不伤根系又保护耕作层土壤结构，肥料利用率高，节省劳力，是一种很有效的施肥方法。

（2）沟状施肥

沟状施肥包括环状沟施、放射状沟施和条状沟施，其中环状沟施方法应用较为普遍。环状沟施是指在园林植物冠幅外围稍远处挖环状沟施肥，一般施肥沟宽 30~40 cm，深 30~60 cm。该法具有操作简便、肥料与植物的吸收根接近便于吸收、节约用肥等优点，但缺点是受肥面积小，易伤水平根，多适用于园林中的孤植树。放射状沟施就是从植物主干周围向周边挖一些放射状沟施肥，该法较环状沟施伤根要少，但施肥部位常受限制。条状沟施是在植株行间或株间开沟施肥，多适用于苗圃施肥或呈行列式栽植的园林植物。

（3）穴状施肥

穴状施肥与沟状施肥方法类似，若将沟状施肥中的施肥沟变为施肥穴或坑就成了穴状施肥。栽植植物时栽植坑内施入基肥，实际上就是穴状施肥。目前穴状施肥已可机械化操作：把配制好的肥料装入特制容器内，依靠空气压缩机通过钢钻直接将肥料送入土壤中，供植物根系吸收利用。该方法快速省工，对地面破坏小，特别适合有铺装的园林植物的施肥。

（4）爆破施肥

爆破施肥就是利用爆破时产生的冲击力将肥料冲散在爆破产生的土壤缝隙中，扩大根系与肥料的接触面积。这种施肥法适用于土层比较坚硬的土壤，优点是施肥的同时还可以疏松土壤。目前此法在果树的栽培中偶有使用，但在城市园林绿化中应用须谨慎，事前须经公安机关批准，且在离建筑物近、有店铺及人流较多的公共场所不应使用。

2. 根外施肥

目前生产上常用的根外施肥方法有叶面施肥和枝干施肥两种。

（1）叶面施肥

叶面施肥是指将按一定浓度配制好的肥料溶液，用喷雾机械直接喷雾到植物的叶面上，通过叶面气孔和角质层的吸收，再转移运输到植物的各个器官。叶面施肥具有简单易行、用肥量小、吸收见效快、可满足植物急需等优点，避免了营养元素在土壤中的化学或生物固定。该施肥方法在生产上应用较为广泛，如在早春植物根系恢复吸收功能前，在缺水季节或不使用土壤施肥的地方，均可采用此法。同时，该方法也特别适用于微量元素的施肥以及对树体高大、根系吸收能力衰竭的古树、大树的施肥；对于解决园林植物的单一营养元素的缺素症，也是一种行之有效的方法。但需要注意的是，叶面施肥并不能完全代替土壤施肥，二者结合使用效果会更好。

叶面施肥的效果受多种因素的影响，如叶龄、叶面结构、肥料性质、气温、湿度、风速等。一般来说，幼叶较老叶吸收速度快，效率高，叶背较叶面气孔多，有利于渗透和吸收，因此，应对叶片进行正反两面喷雾，以促进肥料的吸收。肥料种类不同，被叶片吸收的速度也有差异。据报道，硝态氮、氮化镁喷后 15 s 进入叶内，而硫酸镁需 30 s、氯化镁需 15 min、氯化钾需 30 min、硝酸钾需 1 h、铵态氮需 2 h 才进入叶内。另外，喷施时的天气状况也影响吸收效果。试验表明，叶面施肥最适温度为 18~25℃，因而夏季喷施时间最好在 10：00 以前和 16：00 以后，以免气温高，溶液很快浓缩，影响喷肥效果或导致肥害。此外，在湿度大而无风或微风时喷施效果好，可避免肥液快速蒸发降低肥效或导致肥害。

在实际的生产与管理中，喷施叶面肥的喷液量以叶湿而不滴为宜。叶面施肥液适宜肥料含量为 1%~5%，并尽量喷复合肥，可省时、省工。另外，叶面施肥常与病虫害的防治结合进行，此时配制的药物浓度和肥料浓度比例至关重要。在没有足够把握的情况下，溶液浓度应宁淡勿浓。为保险起见，在大面积喷施前需要做小型试验，确定不引起药害或肥害再大面积喷施。

（2）枝干施肥

枝干施肥就是通过植物枝、茎的韧皮部来吸收肥料营养，它吸肥的机理和效果与叶面施肥基本相似。枝干施肥有枝下涂抹、枝干注射等方法。

枝干涂抹法就是先将植物枝干刻伤，然后在刻伤处加上含有营养元素的团体药棉，供枝干慢慢吸收。

枝干注射法是将肥料溶解在水中制成营养液，然后用专门的注射器注入枝干。目前已有专用的枝干注射器，但应用较多的是输液方式。此法的好处是避免将肥料施入土壤中的一系列反应后的影响和固定、流失，受环境的影响较小，节省肥料，在植物体急需补充某种元素时用本法效果较好。枝干注射法目前主要用于衰老的古树、大树、珍稀树种、树桩盆景以及大树移栽时的营养供给。

另外，美国生产的一种可埋入枝干的长效固体肥料，通过树液湿润药物来缓慢地释放有效成分，供植物吸收利用，有效期可保持3~5年，主要用于行道树的缺锌、缺铁、缺锰等营养缺素症的治疗。

第四节　园林植物的保护和修补管理

园林植物的主干和骨干枝上，往往因病虫害、冻害、日灼及机械损伤等造成伤口，对这些伤口如不及时保护、治疗、修补，在经过长期雨水侵蚀和病菌寄生后，易造成内部腐烂而形成空洞。有空洞的植株尤其是高大树木类，如果遇到大风或其他外力，枝干非常容易折断。另外，园林植物还经常受到人为的有意无意的损坏，如种植土被长期践踏得很坚实，在枝干上刻字留念或拉枝、折枝等不文明现象，都会对园林植物的生长造成很大影响。因此，对园林植物的及时保护和修补是非常重要的养护措施。

一、枝干伤口的治疗

对园林植物枝干上的伤口应及时治疗，以免伤口扩大。如是因病、虫、冻害、日灼或修剪等造成的伤口，应首先用锋利的刀刮净、削平伤口四周，使皮层边缘呈弧形，然后用药剂消毒。对由修剪造成的伤口，应先将伤口削平然后涂以保护剂。选用的保护剂要求容易涂抹，黏着性好，受热不融化，不透雨水，不腐蚀植物体，同时又有防腐消毒的作用，如铅油等。大量应用时也可用黏土和鲜牛粪加少量的石硫合剂的混合物作为涂抹剂，如用含有 0.01%~0.10% 的植物生长调节剂 α-萘乙酸涂剂，会更有利于伤口的愈合。

如果是由于大风使枝干断裂，应立即捆缚加固，然后消毒，涂保护剂。如有的地方用两个半弧圈做成铁箍加固断裂的枝干，为了避免损伤树皮，常用柔软物做垫，用螺栓连接，以便随着干径的增粗而放松；也有的用带螺纹的铁棒或螺栓旋入枝干，起到连接和夹紧的作用。对于由于雷击使枝干受伤的植株，应及时将烧伤部位锯除并涂保护剂。

二、补树洞

园林树木因各种原因造成的伤口长久不愈合，长期外露的木质部会逐渐腐烂，形成树洞，严重时会导致树木内部中空、树皮破裂，一般称为“破肚子”。由于树干的木质部及髓部腐烂，输导组织遭到破坏，因而影响水分和养分的正常运输及储存，严重削弱树势，导致枝干的坚固性和负载能力减弱，树体寿命缩短。为了防止树洞继续扩大和发展，要及时修补树洞。

1. 开放法

如果树洞不深或树洞过大都可以采用此法，如无填充的必要，可按伤口治疗方法处理。如果树洞能给人以奇特之感，可留下来做观赏物，此时可将洞内腐烂木质部彻底清除，刮去洞口边缘的死组织直至露出新的组织，用药剂消毒并涂防护剂，同时改变洞形，以利于排水，也可以在树洞最下端插入排水管，以后经常检查防水层和排水情况，防护剂每隔半年左右重涂一次。

2. 封闭法

树洞经处理消毒后，在洞口表面钉上板条，以油灰和麻刀灰封闭（油灰是用生石灰和熟桐油以 1 ∶ 0.35 调制的，也可以直接用安装玻璃用的油灰，俗称腻子），再涂以白灰乳胶、颜料粉面，以增加美观，还可以在上面压树皮状纹或钉上一层真树皮。

3. 填充法

填充法修补树洞，填充材料必须压实。为便于填充物与植物本质部连接，洞内可钉若干电镀铁钉，并在洞口内两侧挖一道深约 4 cm 的凹槽。填充物从底部开始，每 20~25 cm 为一层，用油毡隔开，每层表面都向外倾斜，以利于排水。填充物边缘不应超出木质部，以便形成层形成的愈伤组织覆盖其上。外层可用石灰、乳胶、颜色粉涂抹。为了增加美观和富有真实感，可在最外面钉一层真树皮。

现在也有用高分子化合材料环氧树脂、固化剂和无水乙醇等物质的聚合物与耐腐朽的木材（如侧柏木材）等填补树洞。

三、吊枝和顶枝

顶枝法在园林植物上应用较为普通，尤其是在古树的养护管理中应用最多，而吊枝法在果园中应用较多。大树或古树如倾斜不稳或大枝下垂时，需设立柱支撑，立柱可用金属、木桩、钢筋混凝土材料等做成。支柱的基础要做稳固，上端与树干连接处应有适当形状的托杆和托碗，并加软垫以免损害树皮。设立的支柱要考虑美观并与环境协调。如有的公园将立柱漆成绿色，并根据具体情况做成廊架式或篱架式，效果就很好。

四、涂白

园林植物枝干涂白，目的是防治病虫害、延迟萌芽，也可避免日灼危害。如在果树生产管理中，桃树枝干涂白后较对照花期能推迟 5 天，可有效避开早春的霜冻危害。因此，在早春容易发生霜冻的地区，可以利用此法延迟芽的萌动期，避免霜冻。又如紫薇比较容易发生病虫害，病虫害发生前，就应该涂白，可以有效防治病虫害的发生。再如杨树、柳树、国槐、合欢等易遭蛀虫的树种涂白，可有效防治蛀干害虫。

涂白剂常用的配方是：水 10 份、生石灰 3 份、石硫合剂原液 0.5 份、食盐 0.5 份、油脂（动植物油均可）少许。配制时先化开石灰，倒入油脂后充分搅拌，再加水拌成石灰乳，最后放入石硫合剂及盐水，为了延长涂白的有效期，可加黏着剂。

五、桥接与补根

植物在遭受病虫、冻伤、机械损伤后，皮层受到损伤，影响树液上下流通，会导致树势削弱。此时，可用几条长枝连接受损处，使上下连通，有利于恢复生长势。具体做法为：削掉坏死皮层，选枝干上皮层完好处，在枝干连接处（可视为砧木）切开和接穗宽度一致的上下接口，接穗稍长一点，也将上下两端削成同样斜面插入枝干皮层的上下接口中，固定后再涂保护剂，促进愈合。桥接方法多用于受损庭院大树及古树名木的修复与复壮的养护与管理。补根也是桥接的一种方式，就是将与老树同种的幼树栽植在老树附近，幼树成活后去头，将幼树的主干接在老树的枝干上，以幼树的根系为老树提供营养，达到老树复壮的目的。一些古树名木，在其根系大多功能减退、生长势减弱时可以用此法对其复壮。

总的来说，园林植物的保护应坚持“防重于治”的原则。平时做好各方面的预防工作，尽量防止各种灾害的发生，同时做好宣传教育工作，避免游客不文明现象的发生。对植物体上已经造成的伤口，应及早治愈，防止伤口扩大。

第五节　园林植物整形修剪管理

一、整形修剪概述

1. 整形修剪的概念

所谓整形，就是指运用剪、锯、绑、扎等手段对树木植株施行一定的技术措施，使之形成栽培者所需要的树体结构形态。所谓修剪，就是指对植株的某些器官，如干、枝、叶、花、果、芽、根等进行剪、截或删除的操作。两者合称整形修剪。整形是目的，修剪是手段。整形是通过一定的修剪手段完成的，而修剪又是在整形的基础上，根据某种树形的要求而实施的技术措施，二者密不可分。对于园林树木来说，“三分种，七分养”，所以，整形修剪是一项极其重要的养护管理措施。

2. 整形修剪的作用

①具有调节生长和发育的作用。整形修剪对树木的生长发育具有双重

作用，即“整体抑制，局部促进；整体促进，局部抑制”。原因在于，树木的地上部分与地下部分是相互依赖、相互制约的，二者保持动态平衡。任何一方的增强或减弱，都会影响另一方的强弱。具体来说，树木经过整形修剪必然要失掉一定的枝叶量，枝叶量的减少会影响光合作用产物的形成。由于树木地上与地下总保持着一定的相对平衡状态，所以随之而来的是供给地下的根系有机物相对减少，根的生长与树体内贮存的有机营养密切相关，因而削弱了根的作用。由于根的作用降低，供给地上部分的水和无机营养相对要减少，地上部分由于得不到足够的营养，削弱了生长势，其结果对树木整体生长起到了抑制作用。如果对直立枝或背上斜侧枝在饱满芽上面短截，则会抽生出生长势比较强的枝条，所以对这类枝条来说，修剪增强了其生长势，这就是所说的“整体抑制，局部促进”作用。以上的作用是相对而言的，由于修剪程度和修剪部位不同，则会出现相反的结果。如对树木大部分枝条采取轻截（多用于幼树），则会促其下部侧芽萌发，大量侧芽萌发，增加了枝条总的数量。由于枝叶量的增加，光合作用的产物相应也会增多，因而供给根系生长活动需要的有机营养增加了，根的吸收和生长能力增强，相应地促进了植株的生长势。如果对背下枝或背斜侧枝剪到弱芽处，压低角度，改变枝向，则抽生的枝条生长势比较弱或根本抽不出枝条，此时对这类枝条不是增强，而是起到削弱的作用，这就是“整体促进，局部抑制”作用。整形修剪对园林树木生长的影响是有时间性的，在修剪的初期对植株的生长会产生抑制作用，但在修剪的刺激下使树木萌发大量的枝叶后，整株树木的光合作用水平会有极大的提高，从而促进植株生长。

②调节生长与开花结果。生长是开花结果的基础，只有足够的枝叶量，

才能制造大量的有机营养，有利于形成花芽。如果生长过旺，树体养分的消耗大于养分的积累，枝条则会因营养不良而无力形成花芽。如果开花结果过多，消耗大量营养，相应地生长也会受到抑制。在这个时候如不及时疏花疏果，则树体会因养分不足而衰弱。所以，科学合理的整形修剪，能使树木的生长与结果之间的矛盾达到相对平衡状态。修剪时要注意器官的数量、质量和类型。有的要抑强扶弱，使生长适中，有利结果；有的要选优去劣，集中营养供应，提高器官质量。对于生长枝既要长、中、短各类枝条互相搭配，又要有一定的数量和比例关系，同时还要注意分布的位置。对于徒长枝要去掉一部分，以缓和竞争，使多数枝条生长充实、健壮，以利生长和结果。一般来说，若想加强营养生长，则应在修剪后令其多发长枝，少发短枝，促发大量的枝叶，有利于养分集中，用于枝条生长，为尽快形成花芽奠定基础。为了使其向生殖生长转化，修剪时应令其多发中、短枝，少发长枝，促进养分积累，用于花芽分化。

通过适当的修剪可以调整营养枝和花果枝的比例，就是要使营养器官和生殖器官在数量上要相适应。如花芽过多，必须疏剪花芽或进行疏花疏果，以促进枝叶生长，维持两类器官相对均衡。同时还应着眼于各器官各部分的相应独立，即一部分枝条进行营养生长，一部分枝条开花结果，每年交替，相互转化，使二者相对均衡。

③调节树体内的营养物质。整形修剪后，树木枝条生长的强度以及外部形态会相应地发生变化，这是由于树体内营养物质含量产生变化所导致的。整形修剪对营养物质的吸收、合成、积累、消耗、运转、分配及各类营养间相互关系都会产生相应的影响。修剪可以调整植株的叶面积，从而改善光照条件，增强光合作用，改变树体的营养状况；修剪通过调节地上

部分与地下部分的相对平衡，影响根系的生长，进一步影响到无机营养的吸收与有机营养的积累和代谢水平。修剪能够调节营养器官和生殖器官的数量、比例和类型，从而影响树体的营养积累和代谢状况。通过修剪控制无效叶和调节花果数量，减少营养的无效消耗；除此以外，修剪还可以调节枝条的角度、器官数量、疏导养分运输的通路，调节养分的分配，定向运送和分配营养物质。但修剪只起调节作用，不能制造营养物质。经过短截的枝条及短截后枝条上的芽萌发抽生的新梢，其内部含氨量和含水量相对增加，而枝条内碳水化合物的含量则相对减少。为了减少整形修剪对树体内养分造成的损失，应尽量在树木枝条内养分含量较少的时期进行修剪。一般冬季修剪应在树木秋季落叶后，养分回流到根部和枝干上贮藏，到春季萌芽前树液尚未流动时进行为宜。而生长季节对树木的修剪，如抹芽、除萌等则应在树木的芽刚萌发的时候进行或在萌芽后不久进行，以尽量减少因修剪而造成的树体内营养物质的消耗。

④促进老树的复壮更新。有一种修剪称为更新修剪，就是对老树保留主干、主枝部分，截掉全部侧枝，可刺激长出新枝，选留有培养前途的新枝代替原有老枝，形成新冠。老树通过修剪的更新复壮，一般情况下要比栽植新树的生长快得多，能保持树木的景观。因为它们具有很深、很广的根系及树体，可为更新后的树体提供充足的水分、营养及骨架。树体进入衰老阶段后，长势减弱，花果量明显减少，出现落花、落果、落叶、枯枝死杈、树体出现向心枯亡现象，导致原有的园林景观消失。但有些树种的枝干皮层内可有隐芽或潜伏芽，通过诱发形成健壮的新枝，达到恢复树势、更新复壮的目的，如柳树、国槐、白蜡等。对许多月季灌木，在每年休眠期，将植株上的绝大部分枝条修剪掉，仅仅保留基部主茎和重剪后的短侧

枝，让它们翌年重新萌发新枝。

⑤改善良好的通风透光条件。枝条密生，树冠郁闭，内膛枝条细弱老化，枝叶上病虫害滋生，这种情况的树木一般就是因为自然生长或是修剪不当造成的。一方面，内膛枝条得不到光照，影响光合作用，小枝因营养不良饥饿而死亡，其结果造成开花部位外移，成为天棚形。另一方面，由于枝条密集，影响紫外线的照射，树冠内积聚闷热潮湿的空气。整形修剪恰好解决了这个问题，通过修剪、疏枝，老弱枝、病虫枝、伤残枝等都被剪除，树冠内可以通风透光，病菌和害虫没有生存的条件，树木感染病虫害的机会自然就减少。同时由于改善了光照条件，内膛小枝因得到了光照而有机营养增加，进行花芽分化，开花满树，呈现出立体开花效果。

⑥提高树体景观效果。树木的景观价值及其自然形状是树木整形成功的基础。整形修剪可使树体的各层主枝在主干上分布有序、错落有致、主从关系明确、各占一定空间，从而形成合理的树冠结构，达到完美的景观效果。园林绿地中的一些树木自然树形很美，是直接被利用的，但是，它们年复一年地生长，终年经受风吹日晒与“自疏”，会逐渐出现枯死枝；还会受到病虫的侵袭，形成病虫枝；诸多的无用枝条的存在都会影响树木的外形美观。对于观赏花木，人们不但希望它们开花多，色彩鲜艳，而且希望开花的枝条富有艺术性。因此很多观花树木要进行整形修剪，在自然美的基础上，创造出人为干预的自然与艺术融为一体的美。

⑦调节与建筑设施的矛盾。在城市中由于市政建筑设施复杂，常常出现与树木的矛盾。尤其行道树，比如枝条与电缆或电线的距离太近，超过规定的标准，往往会发生危险。为了安全，只有通过修剪树木来解决二者之间的矛盾，去掉即将超越枝条与电缆或电线距离的枝条，是保证线路安

全的重要措施。下垂的枝条，如果妨碍行人和车辆通行，必须剪到 2.5~3.5 m 高度。同样，为了防止树木对房屋等建筑的损害，也要进行合理修剪，甚至挖除。如果树木的根系距离地下管道太近，也只有通过修剪树木的根系或将树木移走来解决，别无他法。所以，目前街道绿化必须严格遵守有关规定的树木与管道、电缆和电线、建筑等之间的距离。

二、整形修剪的原则

1. 根据树木在园林绿地中的功用

园林绿地中栽植的树木都有其自身特定的功能和目的，不同的整形方式将形成不同的景观效果。以观花为主的树木，如梅、桃、樱花、紫薇、夹竹桃等，应以自然式或圆球形为主，使上下花团锦簇、花香满树。绿篱类则采取规则式的整形修剪，以展示树木群体组成的几何图形美。庭荫树以自然式树形为宜，树干粗壮挺拔，枝叶浓密，发挥其游憩休闲的功能。如槐树和悬铃木用来做庭荫树则需要采用自然树形，而用来做行道树则需要整剪成杯状形。

在游人众多的主景区或规则式园林中，整形修剪应当精细，并进行各种艺术造型，使园林景观多姿多彩、新颖别致、生机盎然，发挥出最大的观赏功能以吸引游人。在游人较少的地方，或在以古朴自然为主格调的游园和风景区中，应当采用粗放修剪的方式，保持树木的粗犷、自然的树形，使人有回归自然的感觉。

2. 根据树木生长发育的习性

不同的树种，生长发育习性各异，顶端优势强弱也不一样，而形成的树形也不同。如顶端优势强的松柏、南洋杉、银杏、箭杆杨等整形时应留主干和中干，分别形成圆锥形、尖塔形、长卵圆形和柱状的树冠；顶端优势较强的柳树、槐树、元宝枫、樟树等整形时也应留主干和中干，使其分别形成广卵形、圆球形的树冠；顶端优势不强的、萌芽力很强的桂花、杜鹃、榆叶梅等整形时不能留中干，使其形成丛球形或半球形，而龙爪槐、垂枝桃、垂枝榆等枝条下垂并且开展，所以可将树冠整剪成开张的伞形。观赏树木种类非常丰富，在栽培过程中又形成许多类型和品种。在选择整形修剪方式时，首先应考虑树木的分枝习性、萌芽力和成枝力、开花习性、修剪后伤口的愈合能力等因素。

不同的树种和品种花芽着生的位置、花芽形成的时间及其花期是不同的，春季开花的花木，花芽通常在前一年的夏、秋季进行分化，着生在二年生枝上，因此在休眠季修剪时必须注意花芽着生的部位。具有顶花芽的花木，如玉兰、黄刺玫、山楂、丁香等在休眠季或者在花前修剪时绝不能采用短截（除了更新枝势）；具有腋花芽的花木，如榆叶梅、桃花、西府海棠等，则在休眠季或花前可以短截枝条。树木的花芽如果腋生又为纯花芽，在短截枝条时应注意剪口芽不能留花芽（除混合芽外），因为花芽只能开花，不能抽生枝叶。花开过后，在此会留下很短的干枝段，这种干枝段残留得过多，会影响观赏效果。对于观果树木，由于花上面没有枝叶作为有机营养的来源，在花谢后不能坐果，致使结果量减少，最后也会影响观赏效果。

3. 根据树木生长的环境

园林树木的整形修剪，还应考虑树木与生长环境的协调、和谐，通过修剪使树木与周围的其他树木和建筑物的高低、外形、格调相一致，组成一个相互衬托、和谐完整的整体。例如，在门厅两侧可用规则的圆球式或悬垂式树形，在高楼前宜选用自然式的冠形，以丰富建筑物的立面构图；在有线路从上方通过的道路两侧，行道树应采用杯状式的冠形。如果树木生长地周围很开阔、面积较大，在不影响与周围环境协调的情况下，可使分枝尽可能地开张，以最大限度地扩大树冠；如果空间较小，应通过修剪控制植株的体量，以防拥挤不堪，影响树木的生长，又降低观赏效果。如果地形空旷，风力比较大，应适当控制高大树木的高度生长，降低分枝点高度，并降低树冠的枝叶密度，增加树冠的通透性，以防大风对园林树木造成风折、风倒等危害。

由于不同地域的气候类型各不相同，对不同地域园林树木的修剪也应采用与当地气候特征相适应的修剪方法。在雨水较多的南方地区，空气特别潮湿闷热，树木的生长速度较快，也特别容易引发树木的病虫害，因此在南方地区栽植树木除了加大株行距外，还应对树木进行重剪，降低树冠的枝叶密度，增强树冠的通风和透光条件，保持树木健壮生长。在干旱的北方地区，降雨量较少，树木生长速度相对较慢，所以修剪一般不宜过重，应尽量保持树木较多的枝叶量，用以保存树体内的含水量，求得较好的绿化效果。

4. 根据树木的树龄和生长势

不同年龄的树木应采用不同的修剪方法。幼龄期树木应围绕如何扩大树冠及形成良好的冠形来进行适当的修剪；盛花期的壮年树木，要通过修剪来调节营养生长与生殖生长的关系，防止不必要的营养消耗，促使分化更多的花芽。观叶类树木，在壮年期的修剪只是保持其丰满圆润的冠形，不要发生偏冠或出现树冠空缺的现象。生长逐渐衰弱的老年树木，则应使用回缩、重剪等方法刺激休眠芽的萌发，萌发出强壮的枝条来代替衰老的大枝，以达到更新复壮的目的。

不同生长势的树木所采用的修剪方法也不同，对于生长旺盛的树木，宜采取轻剪或不剪的管理方法，以逐渐缓和树木的生长势，保持树木的良好生长状况；对于生长势较弱的树木，则应采用较重的修剪方法，一般对其进行重短剪或回缩，剪口下留饱满芽或刺激潜伏芽萌发产生较为强壮的枝条，进而形成新的树冠以取代原来的树冠，以求恢复树木的生长势，取得良好的绿化效果。

三、整形修剪的常用工具

园林树木常用的整形修剪工具有修枝剪、油锯、割灌机、梯子等。

1. 修枝剪

修枝剪也叫剪枝剪，包括普通修枝剪、长把修枝剪、高枝剪、绿篱剪等。

①普通修枝剪。普通修枝剪由一片主动剪片和一片被动剪片组成，主动剪片的一侧为刀口，需要在修剪前打磨好刀刃。一般能剪截 3 cm 以下的枝条，只要能够含入剪口内，都能被剪断。这是每个园林工人和花卉爱好者必备的修剪工具。操作时，如果用右手握剪，则需用左手将粗枝向剪刀小片方向猛推，就很容易将枝条剪断，千万不要左右扭动剪刀，否则剪刀容易松口，刀刃也容易崩裂。

②长把修枝剪。长把修枝剪剪刀呈月牙形，虽然没有弹簧，但手柄很长，因此，杠杆的作用力相当大，在双手各握一个剪柄的情况下操作，修剪速

度也不慢。长把修枝剪适用于园林中有很多较高的灌木丛，它能使工作人员站在地面上就能短截株丛顶部的枝条。

③高枝剪。高枝剪剪刀装在一根能够伸缩的铝合金长柄上，可以随着修剪的高度进行调整。在刀叶的尾部绑有一根尼龙绳，修剪的动力是靠猛拉这根尼龙绳来完成的。在刀叶和剪筒之间还装有一根钢丝弹簧，在放松尼龙绳的情况下，可以使刀叶和镰刀固定剪片自动分离而张开。用来剪截高处的枝条，被剪的枝条不能太粗，一般在 3 cm 以下。

④绿篱剪。绿篱剪用于修剪绿篱和树木造型，其条形刀片很长，修剪一下可以剪掉一片树梢，这样才能将绿篱顶部与侧面修剪平整。绿篱剪的刀片较薄，只能用来平剪嫩梢，不能修剪已木质化的粗枝。如果个别的粗枝露出绿篱株丛，应当先用普通修枝剪将其剪断，然后再绿篱剪修剪。

实践中使用的高枝锯通常与高枝剪合并在一起。

①单面修枝锯。弓形的细齿单面手锯，用于截断树冠内的一些中等枝条，由于此锯的锯片很窄，可以伸入到树丛当中去锯截，使用起来非常自由。

②双面修枝锯。锯片两侧都有锯齿，一边是细锯齿，另一边是深浅两层锯齿组成的粗齿。比较适合锯除粗大的树枝，这种锯在锯除枯死的大枝时用粗齿，锯截活枝时用细齿，以保持锯面的平滑。这种锯的锯柄上有两个很大的椭圆形孔洞，可以用双手握住来增加锯的拉力。

③高枝锯。锯片呈月牙形，具有单面锯齿，适合修剪树冠上部的大枝，因为高枝剪通过绳的拉力只能剪断一些细的枝条，高枝锯刚好能剪大枝。

2. 油锯

油锯指的是一种用汽油机做动力的树木修剪工具。可用油锯来修剪大枝或截断树干。目前的园林树木修剪已越来越多地使用油锯等机具。使用油锯能够极大地提高劳动生产效率。但是，油锯工作时运转速度很快，操作时一定要注意安全，最好让有经验的员工或经过培训的人员进行操作。

3. 割灌机

割灌机也属于一种常用的树木修剪机具，一般用于修剪外形较规则的树木，如绿篱、色块等。制灌机工作效率很高，不过使用时需要注意安全。

4. 梯子

梯子在修剪高大树木位置较高的枝干时作为辅助工具使用。在使用前首先应观察地面凹凸及软硬情况，以保证安全。

四、整形修剪的时间

1. 修剪时间

树木的种类繁多，习性与功能各异，各有其相宜的修剪季节。一般来说，树木的修剪分为休眠期修剪和生长期修剪两个时间段。

（1）休眠期修剪

休眠期修剪又叫“冬季修剪”，是指从落叶休眠开始到第二年春季萌芽之前进行的修剪。主要目的是调整树形，保证树体营养的贮存与利用。在这一时期，大部分时间为冬季，树体贮藏的养分充足，枝叶营养大部分回归主干、根部，地上部分修剪后，枝芽减少，可集中利用树体贮藏的营养来供给新梢的萌发，因此新梢生长加强，剪口附近的芽体长期处于生长优势，对于加强树势有明显作用。整个休眠期，修剪的最好时期是休眠期即将结束时的早春修剪时期，即树液流动前1~2个月，此时伤口最容易形成愈合组织。但要注意不能过迟，以免临近树液上升时再修剪而造成养分损失。

（2）生长期修剪

生长期修剪又叫“夏季修剪”，是指从春季萌芽开始至新梢或副梢停止前进行的修剪。主要目的是缓解与终止某些器官的生长，促进某些器官的生长，改善树冠的通风透光性能。这一时期的修剪，容易调节光照条件和枝梢密度，也容易判断病虫、枯死与衰弱的枝条，同时也便于把树冠修整成理想的形状，其最大的不足之处是不可避免地要造成树体营养的损失。因此，生长期修剪多用于幼树整形和控制树体旺长。大多数常绿树种的修剪终年都可以进行，但宜在春季气温开始上升、枝叶开始萌发后进行，因为这段时间修剪的伤口，大都可以在生长季结束之前愈合，同时可以促进芽的萌动和新梢的生长。

2. 整形方式

①自然式整形。自然式整形依据树木本身的生长发育习性，保持了树木的自然生长形态，对树冠的形状略加辅助性的调节和整理，既保持树木的优美自然形态，同时也符合树木自身的生长发育习性，树木的养护管理工作量小。在修剪中，只疏除、回缩或短截破坏树形和有损树体健康及行人安全的过密枝、徒长枝、萌发枝、内膛枝、交叉枝、重叠枝及病虫枝、枯死枝等。一般常见的自然式树形有圆柱形、塔形、卵圆形、丛生形、垂枝形等，有这些良好冠形的树种主要有以下几种：圆柱形——塔柏、杜松、钻天杨等；塔形——雪松、水杉、落叶松等；卵圆形——桧柏（壮年期）、

白皮松、毛白杨、银杏、加拿大杨等；球形——圆头椿、珊瑚礁、元宝枫、贴梗海棠、黄刺梅、国槐、栾树等；垂枝形——龙爪槐、垂枝榆、垂枝碧桃等；伞形——合欢、鸡爪槭、垂枝桃、龙爪槐等。

②人工式整形。人工式整形以人的观赏理念为目的，不考虑树木的生长发育特性而进行的一种装饰性的整形方式就是人工式整形。一般为了满足人们的艺术要求，将树修整成各种几何体或非规则式的形体。几何式的整形采用的树种必须具有很强的萌芽力和成枝力，并耐修剪。修剪时，必须按照几何形体构成的规律进行，修剪出的形状有圆形、方形、梯形、柱形、杯形、蘑菇形等。非规则式的整形一般分为坦壁式和雕塑式。坦壁式常出现于庭院及建筑物附近，这是为了垂直绿化墙壁。常见的形状有 U 字形、叉子形、肋骨形、扇形等，这种整形需要培养一个低矮的主干，在主干上左右两侧呈对称或放射性配列主枝，并使枝头保持在同一平面上。雕塑式选择枝条茂密、柔软、叶形细小且耐修剪的树种，根据整形者的意图，创造出各种各样的形体，但是一定要注意所整形体与周围环境的协调，线条简单，轮廓简明大方。一般形状有龙、凤、狮、马、鹤、鱼等。养护时，随时修剪伸出形体外的枝条，并及时补植已枯植株，这样才能始终保持形体的完美。

③混合式整形。混合式整形指在树木原有的自然形态基础上，根据人们的观赏要求略加人工改造的整形方式。多针对小乔木、花果木及藤木类树木。这种方式修剪出的形状主要有自然杯状形、自然开心形、中央领导干形、多主干形、丛生形、棚架形等。

a. 自然杯状形。这种树形的树木没有中心干，仅有很短的主干，主干高度一般为 40~60 cm，主干上着生 3 个主枝，主枝和主干的夹角约为

45°，3 个主枝之间的夹角为 60°，每个主枝上着生 2 个侧枝，共形成 6 个侧枝，每侧枝各分生 2 个枝条即成 12 枝，即所谓“三股、六权、十二枝”的树形。这种树形的树木树冠内一般没有明显的直立枝、内向枝。这种树形主要是用于极为喜光的花灌木，要求树形开张，树冠保持一定的厚度，使整个树冠的通风透光性能良好，以利于树木的正常生长发育和开花结果。

b. 自然开心形。由杯状形改进而来的种树形，树体没有中心干，主干上分枝点较低，3~4 个主枝错落分布，自主干向四周放射生长，树冠向外展开，树冠中心没有枝条，故称自然开心形。这树形主枝上的分枝不一定必须为两个分枝，树冠也不一定是平面化的树冠，这一树形能较好地利用空间。

c. 中央领导干形。这一树形的特点是在树冠中心保持较强的中央领导干，在中央领导干上均匀配置多个主枝。若主枝在中央领导干上分层分布，则称为疏散分层形。中央领导干这种树形的生长优势较强，能不断向外和向上扩大树冠，主枝分布均匀，通风透光良好。中央领导干形适用于干性较强的树种，能形成较为高大的树冠，是庭荫树、观赏树适宜选择的树形。

d. 多主干形。这一树形的特点是一株树木拥有 2~4 个主干，主干上分层配备侧生主枝，形成规则优美的树冠。适用于观花灌木和庭荫树，如紫薇、紫荆、蜡梅等树种。

e. 丛生形。树形类似多主干形，只是主干较短，每个主干上着生数个主枝成丛状。这一树形的叶幕较厚，观赏和美化的效果较好。一般的灌木都为这一树形。

f. 棚架形。先建好各种形式的棚架、廊、亭，在旁边种植藤本树木，按藤本树木的生长习性加以修剪、整形和诱引，使藤木顺势向上生长，最后藤木和棚架、廊、亭等结合到一起共同形成独特的园林树木景观类型。

在树木整形的这三种方式中，以自然式整形为主，因为自然式整形既可以充分利用树木优美的自然树形，又能节省人力、物力。其次是混合式整形，在自然树形的基础上进行适当的人工整形，即可达到最佳的绿化、美化效果。树木的人工式整形，费时费工，又需要具有较高整形修剪技艺的人，并且树形保持的时间短，因此只在局部或特殊要求的地方应用。

五、整形修剪的方法

园林树木的修剪方法按树木修剪的时间不同可有冬季修剪（休眠期修剪）和夏季修剪（生长期修剪）两大类。树木冬季修剪所采取的一般方式包括短截、回缩、疏枝、缓放、截干、平茬等。树木夏季修剪一般采取的方法有摘心、剪梢、除萌、抹芽等。在对园林树木进行修剪时一定要根据修剪的具体时间、所修剪树木的生长状况及修剪的目的选择合适的修剪方法。

1. 冬季修剪的方法

（1）短截

短截指的是把园林树木一年生枝条的前端剪去一截的修剪方法。此法对刺激剪口下的侧芽萌发，增加树木的枝量，促进树木营养生长和增加树木开花结果量有较大作用。一般说来，短截的作用包括以下五个方面：

①短截能改变顶端优势的现象，故可采用“强枝短剪，羽枝长剪”的做法，以此调节枝势的平衡。

②培养各级骨干枝通常采用短截的方法，能起到控制树冠大小和枝梢

长短的作用。短截时，应根据空间与整形的要求，注意剪口芽的位置和方向，剪口芽要留在可以发展的、有空间的地方，对于留芽的方向要注意是否有利于树势的平衡。

③轻短截可刺激树木顶芽下面的侧芽萌发，使分枝数加多，增加了枝叶量，并且对于有机物积累，更好地促进花芽的分化等有积极的影响。中短截较疏剪对于增强同一枝上的顶端优势效果更好，即在短截后其枝梢上下部水分、氮素分布的梯度增加，要比疏剪的明显。所以强枝在过度短截后，往往会出现顶端新梢徒长，不过下部新梢过弱，不能形成花枝。

④短截后，因为缩短了枝叶与根系营养运输之间的距离，因此便于养分的运输。根据有关数据的测定，植物处于休眠季短截后，新梢内水分和氮素的含量要比对照的高，而糖类的含量则较低，充分说明了短截能够对枝条的营养生长和更新复壮产生积极影响。

⑤有些果树如苹果、梨等，当其主枝选留的数量达到要求，树木又生长得较高以后，通常需要进行截顶工作。园林实践中，有很多树木需要将顶尖剪除，目的是降低其高度。实质上，这种截顶是一种回缩更新的方法。这类回缩方法通过去掉正常树冠而改变树形，因此伤口很大，极易使锯断处的伤口产生严重的腐朽，还有可能因为去掉枝叶而失去遮阴的功能，反而导致树皮突然长期暴露在直射的阳光下而发生日灼病。因此，在剪除大枝时，对于剪口的保护，应该用石蜡、沥青、油漆等做涂抹处理，还应逐年、分期进行截顶，不可急于求成，目的在于防止破坏树形与发生日灼。此外，老弱树木修剪的目的一般包括以更新复壮为主，可采用重截的方法，使营养集中在少数的叶芽内，以萌发壮枝。老弱树的修剪一般有“大更新”“小更新”之分。

（2）回缩

回缩也被称为缩剪，是指将多年生枝条剪去一部分，多用于枝组或骨干枝更新，还有用来控制树冠辅养枝等。怕回缩因为修剪量较大，因而具有刺激较重、更新复壮的作用。缩剪反应与缩剪程度、留枝强弱、伤口大小等有关，所以回缩的结果可能是促进作用，也可能是抑制作用。如果回缩后留强的直立枝，而且伤口较小，缩剪又适度，一般能促进营养生长；反之，若缩剪后留斜生枝或下垂枝，而且伤口又较大，可能会抑制树木的生长。前者多用于树木的更新复壮，即在回缩处留有生长势好的、位置适当的枝条；后者多在控制树冠或者辅养枝方面使用。此外，毛白杨在回缩大枝时需注意皮脊，皮脊即是主枝基部稍微鼓起、颜色较深的环（或半环状）。皮脊起保护作用，也就是往木材里延伸形成一个膜，将枝与干分开，称之为保护颈。在剪除大枝时，要求剪口或锯口留在皮脊的外侧，留下保护颈，目的是预防微生物等侵入主干，防止木材的朽烂。

（3）疏枝

疏枝指的是将枝条从基部剪去的修剪方法，又称疏剪或疏删。把新梢、一年生枝、多年生枝从基部去掉均称为疏枝。疏枝主要用于除去树冠内过密的枝条，减少树冠内枝条的数量，使枝条均匀分布，以此使树冠产生良好的通风透光条件，减少病虫害，增加同化作用产物，使枝叶生长健壮，对花芽分化和开花结果有利。疏枝会削弱树木的总生长量，同时在局部的促进作用上不如短截明显。但是，如果只是去除树干的衰弱枝，还是能起到促使整株树木的长势加强的作用。疏枝的对象主要有病虫枝、伤残枝、干枯枝、内膛过密枝、衰老下垂枝、重叠枝、并生枝、交叉枝与干扰树形的竞争枝、徒长枝、根莫枝等。

根据疏枝的强度可将其分为轻疏（疏枝量占全树枝条的10%或以下）、中疏（疏枝量占全树的10%~20%）和重疏（疏枝量占全树的20%以上）。树木的疏枝强度取决于树木的种类、生长势和年龄。通常对于萌芽力和成枝力都很强的树种，疏剪的强度可大些；对于萌芽力及成枝力较弱的树种，如雪松、凤凰木、白干层等，则要尽量少疏枝。对生长旺盛的幼树，为了促进树体迅速长大成形，通常进行轻疏枝或不疏枝；成年树的生长与开花进入旺盛期后，为了调节树木营养生长与生殖生长的平衡，通常要对其进行适当中疏；衰老期的树木，由于树冠内枝条较少，疏枝时要特别注意，只能疏去少量应疏除的枝条。对于花灌木类，宜轻疏枝以达到提早形成花芽开花的目的。

（4）缓放

缓放指的是对园林树木的枝条不做处理，任其自然生长的一种修剪方法，即对一年生枝条不进行短截，任其自然生长。应注意的是，缓放不是在修剪的过程中遗忘了对某些枝条进行处理，而是针对枝条的生长发育情况，对其不做修剪而达到任其自然生长的目的。通常在树木的修剪过程中，对于同一株树木的枝条，不一定要全部进行修剪，通常只对其中的一部分枝条进行修剪，而对另外一部分枝条则进行缓放的处理方法。一般情况下，针对单个枝条生长势逐年减弱的现象，对部分长势中等的枝条长放不剪，树干的下部容易萌发产生中、短枝。这些枝条停止生长早，同化面积大，光合产物多，有利于花芽形成。所以，常对幼树、旺树进行长放进而缓和树势，促进提早开花、结果。长放的方法对于长势中庸的树木、平生枝、斜生枝的应用等效果更好。但是，对幼树骨干枝的延长枝或背生枝、徒长枝，则无法采用长放的修剪方法。对于弱树也不宜多用长放的方法。

（5）截干

截干指的是将树木的主干截断的一种修剪方法，即将树木的树冠去掉，只留下一定高度的树干。这种方式是一种较重的修剪方法。截干的方法一般在树木移栽时使用，起苗后或起苗时将树木的树干在一定高度剪断乃至锯断，将树木的树冠去掉，以求提高树木移栽成活率，并让树木在移栽后长成新的树冠。另外，截干的方法也可用于未进行移植的树木，即将树木的主干从某个高度截断，去掉树木原有的树冠，刺激主干上的潜伏芽萌发长出新的树冠。不过，截干的方法对于没有潜伏芽或潜伏芽寿命较短和萌芽力、成枝力较弱的树种都不合适。对树木截干取决于树木的生长习性和园林树木的具体要求，选择适宜的时间来进行，且不可盲目操作，防止对树木生长造成严重影响甚至导致树木死亡。

（6）平茬

平茬指的是把树木的地上部分在近地面处截去，只保留几厘米到十几厘米长的一段树干的修剪方法。平茬的方法一般用于灌木。有时平茬也可用于乔木幼树的主干培育，将主干生长弯曲的乔木进行平茬，能够刺激树木的潜伏芽萌发长出较为强壮的笔直的主干。平茬的方法也能在树木移植时使用。对于在冬天地上部分容易受到冻害的灌木进行平茬时，需将留下的部分埋入土中防寒防冻，以使其在第二年萌发产生新的树冠。而对于当年形成花芽和当年开花的灌木，要刺激萌发较为强壮的枝条，产生新的强壮的树冠，并创造良好的观花效果，一般采用平茬的方法进行修剪。在移栽树体较小的灌木时，也可将树木的地上部分进行平茬，达到其在移栽后长出新的树冠的目的。

以上各种修剪方法应结合树木的生长特性及其生长发育的具体情况确

定，应当灵活选择，综合运用。在对树木采取合理修剪措施的同时，也应对土、肥、水等方面进行综合管理，方可使园林树木产生较好的景观效果。

（7）开张枝梢角度

幼年果树的枝条，往往较直立，生长势强旺，不易早结果，所以幼年树枝条开张枝梢角度很重要。成年的大树，有时需为保持树性改造一些不适宜的枝，如徒长枝，也要用开张枝梢角度的修剪方法。这类方法很多，这里介绍以下几种常用方法：

①拉枝。用绳子将枝角拉大，绳子一端固定到地上或树上；或用木棍把枝角支开；或用重物使枝下坠。拉枝的时期以春季树液流动以后为好，拉一两年生枝，这时枝较柔软，开张角度易到位同时不伤枝。夏季修剪中，拉枝是一项不可少的修剪工作。

②拿枝。对1年生枝，用手从基部起逐步向下弯曲，要尽量伤及木质部又不折断，做到枝条自然呈水平状态或先端略向下。拿枝的时间一般以春夏之交、枝梢半木质化时最好，容易操作，开张角度、前弱旺枝生长的效果最佳，还能在促进花芽分化和较快地形成结果枝组产生积极作用。树冠内的直立枝、旺长枝、斜生枝，可以用拿枝的方法改造成有用的枝。幼年树的一部分枝用拿枝的方法可以提早结果，还避免了过多的疏剪或短藏，做得好则省工省力。冬剪时对一年生枝也可以拿枝，不过要特别细心操作，弄不好则是枝条折断。拿枝不能太多，需要做出详尽的计划。

③留外芽剪、留“小辫”剪。枝条短截时，剪口下芽面向外的，萌发的新梢向外生长，角度较大；留“小辫”剪，也就是剪留向外长的副梢向外开角，这个副梢短截到饱满芽处。这两种开角的修剪方法，后者效果更突出，但出的新梢生长势较弱。

2. 夏季修剪的方法

（1）摘心

摘心也叫卡尖或捏失，是指将新梢顶端摘除的技术措施。摘心一般用于花木的整剪，还常用于草本花卉上。例如，园林绿化中较常应用的草本花卉，大丽花进行摘心可以培育成多本大丽花；大丽菊要想达到一株可着花数百朵乃至上千朵，必须经过无数次的摘心才能实现；在一串红小苗出现 3~4 对真叶时进行摘心，可以促其生出 4 个以上的侧枝，从而让一串红植株饱满匀称，如此才能更好地布置花坛和花径。

（2）剪梢

剪梢指的是在树木的生长季节将新梢的前端剪去一截的修剪方法。剪梢的作用与摘心类似，也是控制新梢的长度，去掉新梢的顶端优势，促使剪口下的侧芽萌发产生新梢的二次枝。剪梢还能抑制新梢的生长、促进花芽分化。不过，剪梢的方法对树木生长的影响一般比摘心对树木的生长造成的影响大。这是由于运用剪梢的方法剪去的新梢枝叶要比摘心去掉的枝叶更多，这样就减少了树木光合作用制造的营养，从而对树木的生长产生比较严重的影响。所以若要控制新梢的生长，应优先使用摘心的方法，而在没有及时对新梢进行摘心的情况下，才能用剪梢的方法进行补救。对于绿篱，在生长季节进行剪梢，可使其枝叶密生，提高绿篱的观赏效果及其防护功能。

（3）抹芽

抹芽指的是把已经萌发的叶芽及时除去，以防止其继续生长成为新梢的修剪方法。对于园林树木的主干、主枝基部或锯断大枝的伤口周围通常会有潜伏芽萌发而抽生新梢，从而扰乱树形，影响树木主体的生长。抹芽则能够减少树体上生长点的数量，降低新梢前期生长对树体贮存养分的消耗，并改善树木的光照条件。更重要的是，通过抹芽来控制新梢发生的部位，能够避免在不当的部位长出新梢扰乱树形，有利于在幼树期培养良好的树形。而嫁接后对砧木采取抹芽的措施有利于接穗的生长。在树木的生长期进行抹芽还能减少树木冬季修剪的工作量，也可避免树木在冬季修剪后伤口过多。树木抹芽工作一般选择于早春树木萌芽后进行，通常越早越好。

（4）去蘖

去蘖也叫除萌，指的是嫁接繁殖或易生根蘖的树木。观花植物中，桂花、月季和榆叶梅在栽培养护过程中需要频繁除萌，目的是防止萌蘖长大后扰乱树形，并防止养分无效地消耗；蜡梅的根盘一般会萌发很多萌蘖条，除萌时应根据树形来决定适当的保留部分，再及早地去掉其他的，进而保证养分、水分的集中供用。而对牡丹、芍药，由于牡丹植株基部的萌芽很多，所以除了有用的以外，其余的均应去除，而芍药花蕾比较多，可以将过多的、过小的花蕾疏除，确保花朵大小一致。

（5）摘蕾、摘果

有关摘蕾、摘果，如果是腋花芽，是疏剪的范畴；若是顶花芽，则是截的范畴。

摘蕾在园林中得到广泛应用，如对聚花月季往往要摘除主蕾或过密的小蕾，目的是使花期集中，能够开出多而整齐的花朵，突出观赏效果；杂种香水月季由于是单枝开花，因此常将侧蕾摘除，目的是让主蕾得到充足的营养，以便开出美丽而肥硕的花朵；牡丹则通常在花前摘除侧蕾，让营养集中于顶花蕾，不仅花开得大，而且颜色鲜艳。此外，月季每次花后都要剪除残花，由于花是种子植物的生殖器官，如果留下残花令其结实，则植株会为了完成它最后的发育阶段，将全部的生命活力都集中在养育种实上，而这个全过程一旦完成，月季的生长和发育都会缓慢下来，开花的能力也会衰退，甚至停止开花。摘果也经常应用于园林中，如丁香花若是作为观花植物应用时，在开花后应进行摘果，若是不进行摘果，由于其很强的结实能力，在果实成熟后，会有褐色的菊果挂满树枝，非常不美观。又如紫薇，紫薇又称百日红，紫薇花谢后如果不及时摘除幼果，它的花期就无法达到百日之久，而是只有25天左右。对于果树而言，摘花摘果也叫作疏花蔬果，目的是提高品质，避免大小年现象，以此保证高产、稳产。

（6）摘叶

摘叶指的是带叶柄将叶片剪除。通过摘叶可以改善树冠内的通风透光条件，如观果的树木果实在充分见光后着色好，增加了果实美观程度，同时提高了其观赏效果。摘叶还对防止病虫害的发生有利，摘叶同时还具有催花的作用，如广州在春节期间的花市上会有几十万株桃花上市，但在此时期，并不是桃花正常的花期，原来，花农在了解春节时间早晚的基础上，在前一年的10月中旬或下旬就对桃花采取了摘叶的工作，才使桃花在春节期间开放。还有在国庆节开花的北京连翘、丁香、榆叶梅等春季开花的花木，就是通过摘叶法进行了催花。

（7）疏花

疏花指的是将树木的部分花朵去掉的修剪方法，又叫摘花或剪花。疏花的对象，一是摘除残花，如杜鹃的残花久存不落，影响美观及嫩芽的生长，应摘除；二是不需要结果时应剪去凋谢的花，以免其结果而消耗树木的营养；三是摘除残缺不全、发育不良或有病虫害而影响美观的花朵。对于当年形成花芽和当年开花的花灌木，可在花后对着生残花的枝条进行剪梢，连同残花一起剪去，进而刺激发出新的枝条再次开花。

（8）疏果

疏果指的是将园林树木的果实摘去部分的修剪方法。疏果的对象一般是树上生长不良的小果、病虫果或过多的果实。对于观果树木，摘去树木的部分果实能让剩下的果实得到更为充足的营养供应，生长发育良好，一般果实的个头更大，颜色更加鲜艳，有良好的观赏效果。同时，摘除部分果实也使树木的树体生长得到更多的营养供应，从而调节树木生殖生长与营养生长之间的平衡。而对于生产果实的树木来说，去除树木的部分果实对于提高果实品质和生产效益来说十分重要。

（9）环剥

环剥又称为环状剥皮，是指在枝干或枝条基部的适当位置将枝干的皮层与韧皮部剥去一圈的措施。用此法后，可在一段时期内阻止枝梢碳水化合物向下输送，有利于环状剥皮上方枝条营养物质的积累和花芽分化。常用于发育盛期开花结果量小的枝条。

六、整形修剪的技术

1. 剪口及剪口芽的处理

剪去或剪断树木的枝条后在树体上留下的伤口称为剪口。剪口的形状可以是平剪口或斜切口，通常的剪口都是平口。在剪断的枝条上剪口以下的第一个芽叫作剪口芽。修剪时通常在剪口芽上方 0.5~1.0 cm 处对枝条进行短截，对剪口的要求是平滑整齐。剪口芽萌发后形成新梢的生长方向及强壮程度受剪口芽着生的位置与剪口芽的饱满程度的影响很大。如果要使修剪后萌发的新梢填补树冠内膛，则应选择枝条的内芽作为剪口芽；相反，如果为了扩张树冠而进行短截，那么需选择枝条上的外芽作为剪口芽。如果要改变枝条延伸的方向，所留剪口芽应朝向将来枝条延伸的方向。如果为了让剪口下萌发出较弱的枝条，应选留枝条上生长较弱的叶芽作为剪口芽；反之，需选择生长健壮的饱满芽做剪口芽。

2. 大枝的修剪方法

在对树体内较大的枯死枝、衰老枝、病虫枝等进行整体剪除时，为了尽量缩小伤口，要从枝条分枝点的上部斜向下锯，保留分枝点下部凸起的部分，留桩高度以 1~2 cm 为宜，这样能起到减小伤口面积，使伤口易愈合的作用。若留桩过长，将来会形成残桩枯朽，伤口愈合一般较为困难。回缩多年生大枝时，通常会萌生徒长枝。为了防止徒长枝大量抽生，可先在回缩前几年对其进行疏枝和重短截，削弱枝条的长势然后接着进行回缩。在疏除多年生大枝时，为避免撕裂树皮和造成其他损伤，通常采用两锯或三锯法。对于直径在 10 cm 以下的大枝，疏除时采用两锯法，第一锯从下向上锯，深达枝条直径的 1/3 为止；第二锯是从上向下截掉枝条。对于直径在 10 cm 以上的大枝，疏除时采用三锯法，就是先在待锯枝条上距锯口约 25 cm 处，从下向上锯一切口，至深达枝条直径的 1/3 或开始夹锯为止，接着在第一切口前方约 5 cm 处，从上向下锯断枝条，最后在位于留下枝桩上方的分枝处位置向下截断残桩。

3. 伤口的保护

一般来说，树木修剪后留下的伤口即使不采取其他的保护措施也能自行愈合。对于通常的修剪创伤，要求创面要平滑。剪枝或截干后如果在树体上留下较大的伤口，则首先应用锋利的刀削平伤口，再用硫酸铜溶液消毒，再涂保护剂，以防止伤口由于日晒雨淋、病菌入侵进而导致腐烂。

七、整形修剪的工作要点

1. 园林树木修剪前的准备工作

在对园林树木修剪以前应做好准备工作。首先，应调查所要修剪树木的基本情况，然后，在调查研究的基础上制订修剪计划，如确定修剪树木的范围、要使用的修剪方法、修剪的时间安排、修剪所需工具以及材料设备的购置和维修保养、修剪的工作人员组成及人员培训、修剪所需费用的预算、制订修剪的安全操作规程、明确修剪废物的处理办法等。

2. 园林树木修剪的程序

园林树木修剪的程序总体来说就是“一知、二看、三剪、四检查、五处理”。

①“一知”就是修剪人员必须熟练掌握操作规程、修剪技术要点及所修剪树木的生长习性。修剪人员只有全面掌握关于修剪的操作要求、知识和技能，才能避免修剪错误和安全事故。所以，对于临时性的修剪人员，一定要先对其进行培训，经考核合格后方可上岗。

②“二看”就是实施修剪前应对所剪树木进行仔细观察，根据树木的生长习性、生长状况及园林的要求制订合理的修剪方案，争取做到因树修剪、合理修剪。观察的具体目的在于了解植株的生长习性、枝芽的发育特点、植株的生长情况、冠形特点及周围环境与园林功能。这样方可结合实际制订修剪方案。

③“三剪”就是严格按照制订好的修剪方案对树木进行修剪。修剪树木时切忌没有头绪，或者不存在适宜的修剪方案，这样不知从何处下手，或随意修剪一通，使最后的修剪效果很差。所以，要制订修剪方案并严格按方案进行修剪。例如，修剪观赏花木时，首先要观察分析树势是否平衡，如果不平衡，则应分析造成的原因。如果是因为枝条多，特别是大枝多造成生长势强，则应该进行疏枝。对于疏枝前先要决定选留的大枝数目及其在骨干枝上的位置，将无用的大枝先剪掉，等到大枝条整好以后再修剪小枝。在修剪小枝时应从各主枝或各侧枝的前端做起，向下依次进行。而对于整株树木来说，则应遵循先剪下部，后剪上部；先剪内膛枝，后剪外围枝的修剪的先后次序。在几个人共同修剪一棵树时，更应预先研究好修剪方案，并确定每个人的分工，最后再分头进行修剪。

④“四检查”就是在树木修剪的过程中和修剪完以后，要及时检查对树木的修剪是否合适，是否存在漏剪与剪错的地方，以便及时对树木进行修正或重新进行修剪。如果参加修剪的人比较多的话，则应派修剪技术水平较高的人员作为检查人员，在修剪的过程中，还要随时随地进行检查指导，最后对修剪的结果进行检查验收。

⑤“五处理”就是在修剪完以后对树体上留下的伤口进行处理。一般将修剪下的枝叶、花果进行集中处理。修剪下的枝条要及时收集，好的枝条有的可做插穗、接穗备用，而病虫枝则应集中烧毁。最后还应清理树木修剪的场地。

3. 园林树木修剪工作注意事项

①在修剪前要做好技术培训和安全教育工作，以确保修剪工作顺利、

安全地进行。

②在修剪的过程中应全程进行技术和安全的监督与管理。如在上树修剪时，所有用具、机械必须灵活、牢固，以防发生事故。修剪行道树时应对高压线路特别注意，并避免锯落的大枝砸到行人与车辆。此外，修剪工具应锋利，以防修剪过程中造成树皮撕裂、折枝、断枝。修剪病枝的工具，还需用硫酸铜消毒后再修剪其他枝条，以防交叉感染。

③修剪结束后对修剪过的树木应全面详细地检查验收。检查验收要求对修剪工作中存在的问题及时进行纠正，对整个修剪工作要做全面总结，总结经验教训。还要对每个员工的工作都做出客观合理的评价，以此作为发放工作酬金的依据。同时，详细的工作总结也为以后的工作提供参考，逐步提高本单位或部门的园林树木修剪水平与技术。

第六节　园林植物病虫害防治管理

多样的自然界生物物种和复杂的生物链，以及近年来环境的污染和其他各种因素，使生长在自然环境中的植物不可避免地遭受到各种致病微生物和害虫的危害。所以，病虫害的防治是景观植物栽培养护的重要内容之一。

对于景观植物病虫害的防治，一定要贯彻“预防为主，综合治理”的原则，掌握有害生物出现的时间和范围，了解病虫害产生的原因、与环境的关系，采取切实可行的防治措施。调查表明，我国总计有园林病害 5 508 种、园林植物害虫 3 997 种，其他有害生物 162 种，其中有近 400 种病害虫发生普遍而严重。

一、病害的病原与症状

1. 病原

导致园林树木产生病害的直接原因称为病原。病原有两大类：生物性病原和非生物性病原。

①生物性病原主要有真菌、细菌、病毒、线虫、支原体、藻类、螨类和寄生性种子植物等。由生物性病原引起的树木病害都具有传染性，称为侵染性病害或传染性病害。

②非生物性病原主要指不利于树木生长的环境因素，包括营养失调、温度不适、水分失调、光照不适、通风不良和环境中的有毒物质等。由非生物性病原引起的病害称为生理性病害或非侵染性病害。当植物生长的环境条件得到改善或恢复正常时，此类病害的症状就会减轻，并有逐步恢复常态的可能。

2. 症状

植物在受生物或非生物病原侵染后，其外表所显现出来的不正常状态叫作症状。症状是病状及病症的总称。寄主植物感病后植物本身所表现出来的异常变化，称为病状。病状一般是受病植株生理解剂上的病变反映到外部形态上的结果。植物病害都有病状，如花叶、斑点、腐烂等。病症是病原物侵染寄主后，在寄主感染病疾位置产生的各种结构特征。病症是寄主病部表面病原物的各种形态结构，能通过眼睛直接观察。由真菌、细菌和寄生性种子植物等因素引起的病害，病部多表现较显著的病症，如锈状物、煤污等病症。有些植物病害，如白粉病，病症部分特别突出，而寄主本身无显著变化；而有些病害，如非侵染性病害和病毒病害等，并不表现病症。一般而言，一种病害的症状存在其固定的特点，有一定的典型性，不过不同的植株或器官上，会有特殊性。

根据其主要特征，可以把症状划分为以下几种类型。

（1）病状类型

①变色。植物感病后，叶绿素的形成受抑或被破坏数量降低，其他色素过多而使叶片表现出了不正常的颜色，主要有三种类型：褐绿、黄化和花叶。病毒、支原体和营养元素缺乏等原因均可引起此症状。

②坏死。植物受病原物危害后出现细胞或组织消解或死亡的现象叫作坏死。此症状在植物各个部分均可发生，但受害部位不同，症状表现有差异。在植物的根及幼嫩多汁的组织表现出的腐烂，在树干皮层表现为溃疡，在叶部主要表现为形状、颜色、大小不同的斑点，如山茶花腐病、杨树溃疡病、水仙大褐斑病等。

③萎蔫。萎蔫指的是植物因病而表现出失水状态。典型的枯萎或萎蔫指植物根部或干部维管束组织感病后表现为失水状态或枝叶萎蔫下垂现象。其主要原因在于植物的水分疏导系统受阻。根部或主茎的维管束组织被破坏则表现出全株性萎蔫，侧枝受害则表现为局部萎蔫，如菊花青枯病、石竹枯萎病等。

④畸形。因细胞或组织过度生长或发育不足引起的形态异常称为畸形。常见的有植物的根、干或枝条局部细胞增生发生瘿瘤，如月季根癌病；植物的主枝或侧枝顶芽生长受抑制，腋芽或不定芽大量出现丛枝，如泡桐丛枝病；感病植物器官失去原来的形状，如桃缩叶病；植物流脂及流胶，如桃流胶病。

（2）病症类型

①粉霉状物。这种病症是植物感病部位病原真菌的营养体和繁殖体呈现各种颜色的霉状物或粉状物。一般都是病原微生物表面生的菌体或孢子。月季霜霉病、百合青霉病、仙客来灰霉病、牡丹煤污病、月季白粉病等都属于此类。

②锈状物。这种病症是病原真菌在病部所表现的黄褐色锈状物。香石竹锈病、桧柏锈病等属于此类。

③线状物、颗粒状物。这种病症是病原真菌在病部产生的线状或颗粒状结构。在根部形成紫色的线状物的苹果紫纹羽病等即属于此类。

④马蹄状物及伞状物。这种病症是植物感病部位真菌产生肉质、革质等颜色各异、体型较大的伞状物或马蹄状物。郁金香白绢病属于此类。

⑤脓状物。这种病症为病部出现脓状黏液，其干燥后成为胶质的颗粒。这是细菌性病害，如菊花青枯病等病症。

二、病虫害的综合防治

1. 植物检疫法

植物检疫法又称法规防治，即一个国家或地区用法律形式或法令形式，禁止某些危险的病虫、杂草人为地传入或传出，或对已发生的危险性病虫、杂草，采取有效措施消灭或控制蔓延，如就地销毁、消毒处理、禁止调用或限制使用地点等。我国除制定了国内植物检疫法规外，还与有关国家签订了国际植物检疫协定，它对保证园林生产安全具有重要意义。

2. 栽培防治法

栽培防治法就是通过改进栽培技术措施，使环境不利于病虫害的发生，而利于植物的生长发育，直接或间接地消灭或抑制病虫害的发生和危害。这种方法不需要额外投资，而且又有预防作用，可长期控制病虫害，因而是最基本的防治方法。一般通过选育抗性品种的树苗、培育健苗、适地适树、合理进行植物配置、周地轮作、施肥灌水等措施，使树木健壮生长，增强其抗病虫能力。

3. 物理防治法

利用各种物理因子（声、光、电、色、热、湿等）及机械设备防治植物病虫害的方法，称为物理防治。这类方法既包括古老的人工捕杀，又包括一些高新技术的应用。物理防治方法简单易行，很适合小面积场圃和庭院树木的病虫害防治。缺点是费工费时，有很大的局限性。具体的措施主要有土壤热处理、繁殖材料热处理、繁殖材料冷处理、机械阻隔和射线处理。

4. 生物防治法

生物防治的传统概念是利用有益生物来防治虫害或病害。近年来，由于科学技术的发展和学科间的交叉、渗透，其领域不断扩大。当今广义的生物防治是指利用生物及其代谢产物来控制病虫害的一种防治措施。生物防治法是发挥自然控制因素作用的重要组成部分，是一项很有发展前途的防治措施，生物防治对人、畜、植物安全，对环境没有或极少污染，害虫不产生抗性，有时对某些害虫可以达到长期抑制作用，而且天敌资源丰富，使用成本较低，便于利用。但生物防治的缺点也是显而易见的，如作用比较缓慢，不如化学防治见效迅速；多数天敌对害虫的寄生或捕食有选择性，范围较窄；天敌对多种害虫同时发生时难以奏效，天敌的规模化人工饲养技术难度较大，能够用于大量释放的天敌昆虫种类不多，而且防治效果常受气候条件影响。因此必须与其他防治方法相结合，才能充分发挥应有的作用。生物防治的内容主要包括以虫治虫，以苗治虫，以病毒治虫，以鸟治虫，蛛螨类治虫，激素治虫，昆虫不育性的利用，以菌治病等。

5. 化学防治法

化学防治是指用农药防治害虫、病菌、线虫、螨类、杂草及其他有害动物的一种方法。化学防治具有防治效果好、收效快、受季节性限制较小、适宜于大面积灾区使用等优点。其缺点是使用不当会引起人畜中毒、污染环境、杀伤天敌、造成药害。长期使用农药，可使某些病虫产生不同程度的抗性等。当前，各国均在寻求发展高效、安全、经济的农药品种。化学防治在解决病虫害及杂草问题上，今后相当长时期内仍占有重要位置。只要使用得当，与其他防治方法互相配合，扬长避短，农药使用上的缺点在一定程度上是可以逐步解决的。

在化学防治中，使用的化学药剂种类很多，因其对防治对象的作用一般可分为杀菌剂和杀虫剂两大类。

①通常将用于防治病害的化学农药称为杀菌剂。杀菌剂通常分为保护性杀菌剂和内吸性杀菌剂两种。

保护性杀菌剂只对树木起保护作用，没有治疗效果；内吸性杀菌剂则可把侵入的病菌杀死，起到治疗的作用，不过保护作用不明显。保护性杀菌剂是防治病害侵入的，喷施后在树体表面形成一层保护膜，进而防止病菌和叶片接触，但若病菌已经侵入，正处于潜育阶段，保护剂就不起作用。

因此，保护性杀菌剂要在病害发生前或发生初期使用，以保证良好的保护效果。内吸性杀菌剂可杀灭已侵入的病害，一般在病害发生初期使用，可起到良好的杀菌作用。不过当病害发生严重时，使用内吸剂，即使多次用药，效果也不会太好，反而对树体生长、发育产生一定的影响。所以控制病害，一定要在病害发生前或发生初期使用。

一般的杀菌剂包括波尔多液、石硫合剂、多菌灵、甲基托布津、百菌清等。杀菌剂的使用方法主要有种苗消毒、土壤消毒、喷雾、淋灌或注射和烟雾法等。

②能防治植物害虫的化学农药称为杀虫剂。有些杀虫剂品种同时具有杀螨和杀线虫的作用。杀虫剂是使用很早、品种最多、用量最大的一类农药，其种类划分也十分复杂，一般有以下几种划分方法：

a. 按成分与来源划分。

b. 按作用及效应划分。

c. 按剂型划分。

杀虫剂的使用方法有喷粉、喷雾、熏烟等。在病虫害防治过程中，通常将杀菌剂和杀虫剂混合在一起使用，以达到综合防治、省工省时的目的。如内吸性杀菌剂长期使用，病菌容易产生耐药性，所以应与代森锰锌、无机硫等配合使用，以延缓病菌对内吸剂型的耐药性发展。杀菌剂与杀虫剂或杀螨剂或其他杀菌剂混合使用时，还应考虑这几种药剂的理化性能，看是否会发生化学反应，以免影响药效。例如，代森锰锌不能与铜制剂、汞制剂、强碱性农药混合，石硫合剂应避免与波尔多液等铜制剂、机械油乳剂及在碱性条件下易分解的农药混合。假如生产中要求这样使用，用药时应注意两种农药之间的安全间隔期，一般为 7~10 天。

药剂的使用浓度要以最低的有效浓度获得最好的防治效果为原则，不要盲目增加浓度以免对植物产生药害。同时，因为化学农药在环境中释放存在 3R 问题，即农药残留（residue）、有害生物再猖獗（resurgence）及有害生物抗药性（resistance），因此在生产实践中一定要合理、安全、科学地使用化学农药，并和其他防治措施相互配合，才能起到理想的防治作用。

6. 采取技术措施防治病虫害

植物病虫害的发生为园林植物、病虫害和环境三者相互作用的结果。因此，通过采取一定的技术措施也能起到防治病虫害的作用。一般植物栽培技术措施主要通过改进其栽培技术，使环境条件在有利于植物生长发育的同时不利于病虫害，从而直接或间接地控制病虫害的发生和危害。这是景观植物病虫害防治中最重要的方法。具体的技术措施主要有培育无病虫的健康种苗、适地适树、合理进行植物配置、圈地轮作等，同时也需注意圈地卫生、加强水肥管理、改善植物生长的环境条件。通过这些措施，植物就能够健壮地生长，由此增强了其抗病虫能力。

7. 抗性育种措施

抗病虫育种是预防植物病虫害是一种经济有效的措施，尤其是对那些没有有效防治措施的毁灭性病虫害，是一种可行的方法。同时抗性育种措施与环境及其他一些植物保护措施有良好的相容性。抗病虫育种的方法主要有传统的方法、诱变技术、组织培养技术和分子生物学技术等。传统的方法包括利用引种、系统选育或利用具有抗病虫性状的优良品种资源的杂交和回交选育新的抗性品种。诱变技术通常在X射线、Y射线及激素作用下，诱导植物产生变异，再从变异个体中筛选抗病虫个体，这种方法由于随机性很大、无定向性、不易操作，所以应用不普遍。抗病虫品种的培育成功通常需要比较长的时间，时效性弱，见效慢。一个抗病虫品种，无论新品种还是原有的抗性品种，其抗性在栽培过程中都有可能因为环境的变化或病虫害产生变异而丧失或减弱。

三、常见树木病害种类及其防治

在进行园林树木病害诊断时，一定要根据园林树木的生长环境（土壤、水肥、气候条件等）、栽培措施等因素做出科学分析，逐步诊断出病原，然后才能提出相应的防治措施。对于非侵染性病害，普遍的表现是黄化、枯萎、畸形、落花、枯死等，但没有病症表现，应该重点改善树木生长环境的栽培措施，这里不做过多说明。而对于侵染性病害，一般具有明显的病症，根据发生部位的不同，园林树木常见的病害种类分为叶部病害、枝干病害和根部病害三大类，以下做详细说明。

1. 叶部病害

（1）白粉病

①病症表现。白粉病是在园林树木上发生的既普遍又严重的重要病害，种类较多，寄主转化型很强，这种病害的病状最初常常不太明显，一般病症常先于病状。病症初为白粉状，最明显的特征是由表生的菌丝体和粉孢子形成白色粉末状物。秋季时白粉层上出现许多由白而黄、最后变为黑色的小颗粒，少数白粉病晚夏即可形成这种小颗粒。除了针叶树外，许多观赏植物都有白粉病。据全国园林树木病害普查资料汇编报道，在观赏树木病害中，白粉病占总数的10%左右。

白粉病症状中主要的病症很明显，一般的病状不明显，但危害幼嫩部位时也会使被害部位产生明显的变化。不同的白粉病症虽然总体上相同，但也有某些差异。如黄栌白粉病的白粉层主要在叶正面，臭椿白粉病在叶背面。一般发生在叶正面的白粉层中的小黑点小而不太明显，发生在叶背面白粉层中的小黑点大而明显。

②防治方法。

a. 化学防治常用的有 25% 粉锈宁可湿性粉剂 1 500~2 000 倍液，残效期长达 1.5~2 个月；50% 苯来特可湿性粉剂 1 500~2 000 倍液；碳酸氢钠 250 倍液。

b. 夜间喷硫黄粉也有一定的效果，将硫黄粉涂在取暖设备上任其挥发，能有效地防治月季白粉病。

c. 生物农药 B0-10（150~200 倍液），抗霉菌素 120 对白粉病也有良好的效果。

d. 休眠期喷洒 0.3° Be~0.5° Be 的石硫合剂（包括地面落叶和地上树体），消灭越冬病原物。

e. 叶片上出现病斑时喷药，每年喷 1 次基本上能控制住白粉病的发生。

f. 除喷药外，清除初侵染源非常重要，如将病落叶集中烧毁；选育和利用抗病品种也是防治白粉病的重要措施之一。

（2）锈病

①病症表现。锈病也是园林树木中的常发性病害。据全国园林树木病害普查资料统计，花木上有 80 余种锈病。植物锈病的病症一般先于病状出现。病状通常不太明显，黄粉状锈斑是该病的典型病症。叶片上的锈斑较小，近圆形，有时呈泡状斑。在症状上只产生褪绿色、淡黄色或褐色斑点。

在病斑上，常常产生明显的病症。当其他幼嫩组织被侵染时，病部常肥肿。有些锈菌不仅危害叶部，还能危害果实、叶柄、嫩梢，甚至枝干。叶部锈病虽然不能使寄主植物致死，但常造成早落叶、果实畸形，削弱生长势，降低产量及观赏性。

②防治方法。

a. 减少侵染来源：休眠期清除枯枝落叶，喷洒 0.3°Be 的石硫合剂，杀死芽内及病部的越冬菌丝体；生长季节及时摘除病芽或病叶，然后集中烧毁或深埋处理。

b. 改善环境条件：增施磷、钾、铁肥、氮肥要适时；在酸性土壤中施入石灰等能提高植物的抗病性。

c. 生长季节喷洒 25% 粉锈宁可湿性粉剂 1 500 倍液；或喷洒敌锈钠 250~300 倍液，10~15 天喷一次；或喷 0.2°Be~0.3°Be 的石硫合剂也有很好的防治效果。

（3）炭疽病

①病症表现。炭疽病是园林树木上常见的一大类病害。炭疽病虽然发生于许多树种，危害多个部位，它们的症状也有某些差异，但也有共同的特征。在发病部位形成各种形状、大小、颜色的坏死斑，比较典型的症状是常在叶片上产生明显的轮纹斑，后期在病斑处形成的粉状物往往呈轮状排列，在潮湿条件下病斑上有粉红色的黏粉物出现。在枝梢上形成梭形或不规则形的溃疡斑，扩展后造成枝枯。在发病后期，一般都会产生黑色小点，在高湿条件下多数产生焦枯状的带红色的粉状物堆，这是诊断炭疽病的标志。炭疽病主要危害叶片，降低观赏性，也有的对嫩枝危害严重，如山茶炭疽病。

②防治方法。

a. 加强经营管理措施，促使树木生长健壮，增强抗病性。

b. 及时清除树冠下的病落叶及病枝和其他感病材料，并集中销毁，以减少侵染来源。

c. 利用和选育抗病树种和品种，是防治炭疽病中应注意的方面。

d. 化学防治。侵染初期可喷洒 70% 的代森锰锌，500~600 倍液，或 1∶0.5∶100 的波尔多液（1 份硫酸铜、0.5 份生石灰和 100 份水配制而成），或 70% 的甲基托布津可湿性粉剂 1 000 倍液。喷药次数可根据病情发展情况而定。

（4）叶斑病

除白粉病、锈病、炭疽病等以外，叶片上所有的其他病害统称为叶斑病。

①病症表现。在园林树木上常发生的叶斑病有黑斑病、褐斑病、角斑病及穿孔病。各种叶斑病的共同特性是由局部侵染引起的，叶片局部组织坏死，产生各种颜色、各种形状的病斑，有的病斑可因组织脱落形成穿孔。病斑上常出现各种颜色的霉层或粉状物。叶斑病的主要病原物是半知菌。

②防治方法。

a. 及时清除树冠下的病落叶、病枝和其他感病材料，并集中销毁，以减少侵染来源。

b. 化学防治：在早春植株萌动之前，喷洒 3° Be~5° Be 的石硫合剂等保护性杀菌剂或 50% 的多菌灵 600 倍液。

c. 展叶后可喷洒 1 000 倍的多菌灵或 75% 的甲基托布津 1 000 倍液。隔半个月喷一次，连续喷 2~3 次。

2. 枝干病害

枝干部病害种类不如叶部病害多，但危害较大，常常引起枝枯或全株枯死。幼苗、幼树及成年的枝条均可受害，主干发病时全株枯死。引起枝干部病害的生物性病原有真菌、细菌、支原体、寄生性种子植物和线虫等，非生物性病原主要有日灼及低温。

（1）溃疡病或腐烂病

溃疡病是指树木枝干局部性皮层坏死，坏死后期因组织失水而稍下陷，有时周围还产生一圈稍隆起的愈伤组织。除包括典型的溃疡病外，还包括腐烂病（烂皮病）、枝枯病、干癌病等所有引起树木枝干韧皮部坏死或腐烂的各种病害。

①病症表现。溃疡病的典型症状是发病初期枝干受害部位产生水渍状斑，有时为水泡状、圆形或椭圆形，大小不一，并逐渐扩展；后失水下陷，在病部产生一些粉状物。病部有时会出现纵裂，甚至皮层脱落。木质部表层褐色。后期病斑周围形成隆起的愈伤组织，阻止病斑的进一步扩展。有时溃疡病在植物生长旺盛时停止发展，病斑周围形成愈伤组织，但病原物仍在病部存活。次年病斑继续扩展，然后周围又形成新的愈伤组织，如此往复年年进行，病部形成明显的长椭圆形盘状同心环纹，且受害部位局部膨大，有的多年形成的大型溃疡斑可长达数十厘米或更长。抗性较弱的树木，病原菌生长速度比愈伤组织形成的速度快，病斑迅速扩展，或几个病斑汇合，形成较大面积的病斑，后期在上面长出颗粒状的病症，皮层腐烂，即为腐烂病或称烂皮病。当病斑环绕树干 1 周时，病部上面枝干枯死。

②防治方法。

a. 通过综合治理措施改善树木生长的环境条件，提高树木的抗病能力。

b. 注意适地适树，选用抗病性强及抗逆性强的树种，培育无病壮苗。

c. 在起苗、假植、运输和定植的各环节，尽量避免苗木失水。在保水性差且干旱少雨的沙土地，可采取必要的保水措施，如施吸水剂、覆盖薄膜等。

d. 清除严重病株及病枝，保护嫁接及修枝伤口，在伤口处涂药保护，以避免病菌侵入。

e. 秋冬和早春用含硫黄粉的树干涂白剂涂白树干，防止病原菌浸染。

f. 用 50% 多菌灵 300 倍液加入适当的泥土混合后涂于病部，或用 50% 多菌灵、70% 甲基托布津、75% 百菌清 500~800 倍液喷洒病部，有较好的效果。

（2）枯萎病（也称导管病或维管束病）

树木枯萎病种类不多但危害极大。非侵染性病原或侵染性病原危害均能导致树木枯萎，如长期干旱、水浸、污染物的毒害，使植物根部皮层腐烂，导致根部的吸收作用被破坏，或者因其他一些原因造成输导系统堵塞，都可使树木枯萎。枯萎病能在短期内造成大面积的毁灭性灾害，榆树枯萎病、松材线虫病均属此类病害。

①病症表现。感病植株叶片失去正常光泽，随后凋萎下垂，脱落或不脱落，终至全株枯萎而死。有的半边枯萎，在主干一侧出现黑色或褐色的长条斑。在患病植株枝干横断面上有深褐色的环纹，在纵剖面上有褐色的线条。急性萎蔫症型的病株会突然萎蔫，枝叶还是绿的，称为青枯病，这种症状多发生在苗木或幼树上。慢性萎蔫型的感病植株先表现出某些生长不良现象，叶色无光泽，并逐渐变黄，病株常要经较长时间才最后枯死。

②防治方法。

a. 首先严格检疫，严防带病及传播媒介昆虫的苗木、木材及其制品外流及传入。枯萎病发展快，防治困难，感病后的植株很难救治。

b. 减少初侵染来源，及时清除和销毁病株和病枝条。

c. 对土壤进行消毒。用福尔马林 50 倍液，每平方米 4~8 kg 淋土，或用热力法进行土壤消毒。

d. 选用抗枯萎病的品种。

（3）松材线虫病

①病症表现。此病显著的特征是，被侵染的松树针叶失绿，并逐渐黄化萎蔫，然后枯死变为红褐色，最终全株迅速枯萎死亡，但针叶长时间内不脱落，有时直至翌年夏季才脱落。从针叶开始变色至全株死亡约 30 天。外部症状的表现，首先是树脂分泌减少至完全停止分泌，蒸腾作用下降，继而边材水分迅速降低。病树大多在 9 月至 10 月上、中旬死亡。约经 2 个月针叶开始失去原有光泽，松脂分泌开始减少；接着，针叶开始变色，松脂分泌停止；然后，大部分针叶变黄褐色，萎蔫；最后，全部针叶变为黄褐色至红褐色，萎蔫，全株枯死，枯死针叶当年不脱落。这一过程表现为急性型，一般在夏季感病的，经过夏秋高温季节，秋冬前都枯死。

另外，有些植株感病后，由于感病较迟或本身的抗性较差或气温较低，可能延迟到冬春以后逐渐枯死。此外，有些植株感病后先造成下部枝条枯死，向全株扩展比较缓慢，感病株一般在 1~2 年内不会枯死，表现为慢性型。松脂明显减少和完全停止分泌这一特点可作为本病早期诊断的依据。另外，如果松树原生长较好，突然急性萎蔫，又无其他外伤，也是诊断本病重要的倾向性依据。

②防治方法。

a. 加强检疫制度，严禁疫区松苗、松木及其产品外运（包括原木、板材、包装箱等），并防止携带松墨天牛出境。

b. 尽量消灭该病的媒介体松墨天牛。

c. 及时伐除和处理被害木，并集中销毁。

d. 在生长季节的 5~6 月份是松墨天牛补充营养期，喷洒 50% 的杀螟松乳油 200 倍液。可在树干周围 90 cm 处开沟施药或喷药保护树干；也可用飞机喷洒 3% 的杀螟松，每公顷约喷 60 L，可以保持 1 个月左右的杀虫效果。

e. 选用和培育抗病树种。

3. 根部病害

（1）根癌病

①病症表现。根癌病又名冠瘿病，主要发生在根茎处，有时也发生在主根、侧根和地上部的主干、枝条上。受害处形成大小不等、形状不同的瘤。初生的小瘤，呈灰白色或肉色，质地柔软，表面光滑，后渐变成褐色至深褐色，质地坚硬，表面粗糙并龟裂。

②防治方法。

a. 加强植物检疫，防止带病苗木出圈，发现病苗及时拔除并烧毁。

b. 对可疑的苗木在栽植前进行消毒，用 1% 硫酸铜浸泡 5 min 后用水冲洗干净，然后栽植。

c. 精选圃地，避免连作。选择未感染根癌病的地区建立苗圃，如果苗圃被污染，需进行 3 年以上的轮作。

d. 对感病苗圃用硫黄粉、硫酸亚铁或漂白粉进行土壤消毒。

e. 对于初发病株，切除病瘤，用石灰乳或波尔多液涂抹伤口，或用甲冰碘液（甲醇 5 份、冰醋酸 25 份、碘片 12 份、水 13 份）进行处理，可使病瘤消除。

f. 选用健康的苗木进行嫁接，嫁接刀要在高锰酸钾溶液或 75% 的酒精中消毒。

g. 用生物制剂 K84 和 D286 的菌体混合悬液浸根，可明显降低根癌病的发生率。

（2）根结线虫病

①病症表现。在树木幼嫩的支根和侧根上、小苗的主根上产生大小不等的许多等圆形或不规则的瘤状虫瘿。初期表面光滑、淡黄色，后粗糙、颜色加深、肉质。切开可见瘤内有白色且稍微发亮的小型粒状物，镜检可观察到梨形的根结线虫。感病后植株根系吸收功能减弱，生长衰弱，叶小而发黄，易脱落或枯萎，有时会发生枝枯，严重的整株枯死。

②防治方法。

a. 加强检疫，防止根结线虫病发生和蔓延。

b. 选择无病苗圃地育苗，在曾发病的圃地，选择非寄主植物进行轮作。

c. 育苗前用药剂进行土壤消毒处理，或用熏蒸剂处理以杀死土壤中的线虫。可用的土壤熏蒸剂有溴甲烷、棉隆等，但熏蒸剂对植物有害，需在土壤处理后 15~25 天再种植植物；或将药剂穴施或沟施于土壤中，或环施于植株周围，有良好的防治效果。

d. 用猪屎豆引诱根结线虫的侵染，侵染猪屎豆的很多线虫不能顺利发育产卵，可减少土壤中线虫的虫口密度，减轻危害。

（3）苗木猝倒病（幼苗猝倒和立枯病）

幼苗猝倒病和立枯病是园林树木常见病害之一。苗期都可发生猝倒病和立枯病。针叶树育苗每年都有不同程度的发病，重病地块发病率可达70%~90%。

①病症表现。常见的症状主要有3种类型：种子或尚未出土的幼芽被病菌侵染后，在土壤中腐烂，称腐烂型；出土幼苗尚未木质化前，在幼茎基部呈水渍状病斑，病部缢缩变褐腐烂，在子叶尚未凋萎之前，幼苗倒伏，称猝倒型；幼茎木质化后，造成根部或根茎部皮层腐烂，幼苗逐渐枯死，但不倒伏，称立枯型。

②防治方法。

a. 猝倒和立枯病的防治，应采取以栽培技术为主的综合防治措施，培育壮苗，提高抗病性。

b. 不宜选用瓜菜地和土质黏重、排水不良的地作为圈地。精选种子，适时播种。

c. 对土壤进行消毒。用多菌灵配成药土垫床和覆种。具体方法如下：用10%多菌灵可湿性粉剂，每公顷用75 kg与细土混合，药与土的比例为1∶200；也可用2%~3%硫酸亚铁溶液浇灌土壤来进行消毒。

d. 播种前用0.5%高锰酸钾溶液浸泡种子2 h，对其消毒。

e. 幼苗出土后，可喷洒多菌灵50%可湿性粉剂500~1 000倍液或喷1∶1∶120波尔多液，每隔10~15天喷洒1次。

根部病害的防治较其他病害困难，因为早期不易发现，失去了早期防治的机会。而且对于根部而言，侵染性病害与生理性病害容易混淆。在这种情况下，要采取针对性的防治措施是有困难的。

根部病害的发生与土壤的理化性质是密切相关的，这些因素包括土壤积水、黏重板结、土壤贫瘠、微量元素异常、pH 值过高或过低等。由于某一方面的原因就可导致树木生长不良，有时还可加重侵染性病害的发生。因此，在根部病害的防治上，选择适宜于树木生长的立地条件，以及改良土壤的理化性状，应作为一项根本性的预防措施。

四、常见树木虫害种类及其防治

园林树木害虫根据危害部位可划分为食叶害虫、蛀干害虫、枝梢害虫、种实害虫和地下害虫五类。

1. 食叶害虫

食叶害虫种类繁多，主要为鳞翅目的各种蛾类和蝶类，如鞘翅目的叶甲和金龟子、膜翅目的叶蜂等。其猖獗发生时能将叶片吃光，削弱树势，为蛀干害虫侵入提供适宜条件。多营裸露生活，受环境影响大，虫口密度变化大。

（1）叶蜂

①形态特征。成虫体长 7.5 mm 左右，翅黑色、半透明，头、胸及足有光泽，腹部橙黄色。幼虫体长 2.0 mm 左右，黄绿色。蔷薇叶蜂一年可发生 2 代，以幼虫在土中结茧越冬，有群集习性。

②危害特点。主要危害月季、蔷薇、黄刺玫、十姐妹、玫瑰等植物。常数十头群集于叶上取食，严重时可将叶片吃光，仅留粗叶脉。雄虫产卵于枝梢，可使枝梢枯死。

③防治方法。

a. 人工连叶摘除孵化幼虫。

b. 冬季控虫消灭越冬幼虫。

c. 可喷施 80% 敌敌畏乳油 1 000 倍液、90% 敌百虫 800 倍液、50% 杀螟松乳油 1 000~1 500 倍液、2.5% 溴氰菊酯乳油 2 000~3 000 倍液。

（2）大蓑蛾

①形态特征。雄成虫无翅，蛆状，体长约 25 mm。雄成虫有翅，体长为 5~17 mm，褐色。幼虫头部赤褐色或黄褐色，中央有白色“人”字纹，胸部各节背面黄褐色，上有黑褐色斑纹。幼虫、雌成虫外有皮囊，外附有碎叶片和少数枝梗。大蓑蛾一年发生 1 代，以老熟幼虫在皮囊内越冬。

②危害特点。主要危害梅花、樱花、桃花、石榴、蔷薇、月季、紫薇、桂花、蜡梅、山茶、悬铃木等树木。其幼虫取食植物叶片，可将叶片吃光只残存叶脉，影响被害植株的生长发育。雄蛾有趋光性。

③防治方法。

a. 初冬人工摘除植株上的越冬虫囊。

b. 幼虫孵化初期喷 90% 敌百虫 1 000 倍液，或 80% 敌敌畏乳油 800 倍液，或 50% 杀螟松乳油 800 倍液。

（3）拟短额负蝗

①形态特征。拟短额负蝗又称小绿蚱蜢、小尖头蚱蜢。虫体长约 20 mm，淡绿或黄褐色，梭状，前翅革质，淡绿色，后翅膜质透明。若虫体小、无翅，卵黄褐色到深黄色。拟短额负蝗一年可发生 3 代左右，以卵块在土壤越冬。

②危害特点。拟短额负蝗主要危害月季、茉莉、桃叶珊瑚、扶桑等花木。

成虫和若虫均可咬食叶片，造成孔洞或缺刻，严重时，可把叶片吃光只留枝干。该虫喜欢生活在植株茂盛、湿度较大的环境中。

③防治方法。

a. 清晨进行人工捕捉，或用纱网兜捕杀。

b. 冬季深翻土壤暴晒或用药剂消毒，减少虫卵。

c. 喷施 50% 杀螟松乳油 1 000 倍液，或 90% 敌百虫 800 倍液，或 80% 敌敌畏乳油 1 000 倍液。

（4）刺蛾类

①形态特征。成虫体长 1.5 cm 左右。头和胸部背面金黄色，腹部背面黄褐色，前翅内半部黄色，外半部褐色，后翅淡黄褐色。幼虫黄绿，背面有哑铃状紫红色斑纹。

②危害特点。刺蛾类主要危害紫薇、月季、海棠、梅花、茶花、桃、梅、白兰花等树木。黄刺蛾一年发生 1~2 次，以老熟幼虫在受害枝干上结茧越冬，以幼虫啃食造成危害。严重时可将叶片吃光，只剩叶柄及主脉。

③防治方法。

a. 灯光诱杀成虫。

b. 人工摘除越冬虫茧。

c. 在初龄幼虫期喷 80% 敌敌畏乳油 1 000 倍液，或 25% 亚胺硫磷乳油 1 000 倍液，或 2.5% 溴氰菊酯乳油 4 000 倍液。

2. 枝梢害虫

枝梢害虫种类繁多，危害隐蔽，习性复杂。从危害特点大体可分为刺吸类和钻蛀类两大类。下面主要介绍前者。

（1）介壳虫类

①形态特征。介壳虫有数十种之多，常见的有吹绵蚧、粉蚧、长白蚧、日本龟蜡蚧、角蜡蚧、红蜡蚧等。介壳虫是小型昆虫，体长一般为1~7 mm，最小的只有0.5 mm，大多数虫体上被有蜡质分泌物，繁殖迅速。

②危害特点。介壳虫类主要危害金柑、含笑、丁香、夹竹桃、木槿、枸骨、珊瑚树、月桂、大叶黄杨、海桐等。介壳虫常群聚于枝叶及花蕾上吸取汁液，造成枝叶枯萎甚至死亡。

③防治方法。

a. 少量的可用棉花球蘸水抹去或用刷子刷除。

b. 剪除虫枝虫叶，集中烧毁。

c. 注意保护寄生蜂和捕食性瓢虫等介壳虫的寄生天敌。

d. 在产卵期，喷雾1~2次。

（2）蚜虫类

①形态特征。蚜虫类主要有桃蚜和棉蚜、月季长管蚜、梨二叉蚜、桃瘤蚜等。蚜虫个体细小，繁殖力很强，能进行孤雌生殖，在夏季4~5天就能繁殖一个世代，一年可繁殖几十代。

②危害特点。蚜虫类主要危害桃、梅、木槿、石榴等树木。蚜虫积聚在新叶、嫩芽及花蕾上，以刺吸式口器刺入植物组织内吸取汁液，使受害部位出现黄斑或黑斑，受害叶片皱曲、脱落，花蕾萎缩或畸形生长，严重时可使植株死亡。蚜虫能分泌蜜露，招致细菌生长，诱发煤烟病等病害。此外还能在蚊母树、榆树等树种上形成虫瘿。

③防治方法。

a. 通过清除附近杂草，冬季在寄主植物上喷3°Be~5°Be的石硫合剂，消灭越冬虫卵，或萌芽时喷 0.3° Be~0.5° Be 石硫合剂杀灭幼虫。

b. 喷施乐果或氧化乐果 1 000~1 500 倍液，或杀灭菊酯 2 000~3 000 倍液，或 2.5% 鱼藤精 1 000~1 500 倍液，一周后复喷一次杀灭幼虫。

c. 注意保护瓢虫、食蚜蝇及草蛉等天敌。

（3）叶螨（红蜘蛛）

①形态特征。叶螨主要有朱砂叶螨、柑橘全爪螨、山楂叶螨、草果叶螨等，叶螨个体小，体长一般不超过 1 mm，呈圆形或椭圆形，橘黄色或红褐色，可通过两性生殖或孤雌生殖进行繁殖。繁殖能力强，年可达十几代。

②危害特点。叶螨主要危害茉莉、月季、扶桑、海棠、桃、金柑、杜鹃、茶花等树木。以雌成虫或卵在枝干、树皮下或土缝中越冬，成虫、若虫用口器刺入叶内吸吮汁液，被害叶片叶绿素受损，叶面密集细小的灰黄点或斑块，严重时叶片枯黄脱落，甚至因叶片落光造成植株死亡。

③防治方法。

a. 冬季清除杂草及落叶以消灭越冬虫源。

b. 个别叶片上有灰黄斑点时，可摘除病叶，集中烧毁。

c. 虫害发生期喷 20% 双甲脒乳油 10 000 倍，20% 三氯杀螨砜 800 倍液，或 40% 三氯杀螨醇乳剂 2 000 倍液，每 7~10 天喷一次，共喷 2~3 次。

d. 保护深点食螨瓢虫等天敌。

（4）蓟马

①形态特征。蓟马主要有花蓟马、中华管蓟马、日本蓟马等。蓟马体小细长，体长一般为 0.5~0.8 cm。若虫喜群集取食，成虫分散活动。

②危害特点。蓟马主要危害月季、山茶、柑橘等树木。若虫和成虫刺吸花器、嫩叶或嫩梢的汁液，受害部位呈灰白色的点状。

③防治方法。

a. 清除苗圃的落叶、杂草，消灭越冬虫源。

b. 用 80% 敌敌畏乳油，或 2.5% 溴氰菊酯乳油熏蒸或者拉硫磷等。

（5）绿盲蝽

①形态特征。成虫体长 5 mm 左右，绿色，较扁平，前胸背板深绿色，有许多小黑点，小盾片黄绿色，翅革质部分全为绿色，膜质部分半透明，呈暗灰色。一年发生 5 代左右，以卵在木槿、石榴等植物组织的内部越冬。

②危害特点。绿盲蝽主要危害月季、紫薇、木槿、扶桑、石榴、花桃等树木。成虫或若虫用口针刺害嫩叶、叶芽、花蕾，被害的叶片出现黑斑或孔洞，发生扭曲皱缩。花蕾被刺后，受害部位渗出黑褐色汁液，叶芽嫩尖被害后，呈焦黑色，不能发叶。该虫在气温 20 ℃、相对湿度 80% 以上时发生严重。

③防治方法。

a. 清除苗圃内及其周围的杂草，减少虫源。

b. 用 80% 敌敌畏乳油 1 000 倍液或 40% 氧化乐果乳液 1 000 倍液、50% 杀螟松乳油 1 000 倍液、50% 辛硫磷乳油 2 000 倍液、50% 杀灭菊酯 2 000~3 000 倍液、50% 二溴磷乳油 1 000 倍液喷雾防治。

（6）蚱蝉

①形态特征。成虫体长约 4 cm，黑色有光泽，被金色细毛，头部前面有金黄色斑纹，中胸背板呈“x”形隆起，棕褐色，翅膜质透明，基部黑色，卵乳白色，菱形。若虫黄褐色，长椭圆形。12 天左右发生 1 代。

②危害特点。蚱蝉主要危害白玉兰、梅花、桃花、桂花、蜡梅、木槿

等树木。其若虫吸食植物根汁液。雌成虫可将产卵器插在枝干上产卵，造成枝条干枯。

③防治方法。

a. 人工捕杀刚出土的老熟幼虫或刚羽化的成虫。

b. 8、9 月份及时剪除产卵枝，集中烧毁。

c. 利用熬黏的桐油粘捕成虫。

（7）叶蝉

①形态特征。成虫体长约 3 mm，外形似蝉，黄绿色或黄白色，可行走、跳跃，非常活跃。若虫黄白色，常密生短细毛。一年可发生 5~6 代，以成虫在侧柏等常绿树上或杂草丛中越冬。

②危害特点。叶蝉主要危害碧桃、樱桃、梅、李、杏、牡丹、月季等树木。其若虫或成虫用嘴刺吸汁液，使叶片出现淡白色斑点，危害严重时斑点呈斑块状，或刺伤表皮，使枝条叶片枯萎。

③防治方法。

a. 冬季清除苗圃内的落叶、杂草，减少越冬虫源。

b. 利用黑光灯诱杀成虫。

c. 可喷施 50% 杀螟松乳油 1 000 倍液或 90% 敌百虫 1 000 倍液。

3. 蛀干害虫

蛀干害虫包括鞘翅目的小蠹、天牛、吉丁虫、象甲，鳞翅目的木蠹蛾、透翅蛾，膜翅目的树蜂等。多危害衰弱木，生活隐蔽，防治困难，树木一旦受害很难恢复。

（1）天牛类

①形态特征。天牛类蛀干害虫主要有菊小筒天牛、桃红颈天牛、双条合欢天牛、星天牛等。各种天牛形态及生活习性均差异较大。成虫体长 9~40 mm，多呈黑色，一年或 2~3 年发生 1 代。

②危害特点。天牛类蛀干害虫主要危害菊花、梅花、桃花、海棠、合欢、核桃等树木。幼虫或成虫在根部或树干蛀道内越冬，卵多产在主干、主枝的树皮缝隙中，幼虫孵化后，蛀入木质部危害树木。蛀孔处堆有锯末和虫粪。受害枝条枯萎或折断。

③防治方法。

a. 人工捕杀成虫。成虫发生盛期也可喷 5% 西维因粉剂或 90% 敌百虫 800 倍液。

b. 成虫产卵期，经常检查树体枝条，发现虫卵及时刮除。

c. 用铁丝钩杀幼虫或用棉球蘸敌敌畏药液塞入洞内毒杀幼虫。

d. 成虫发生前，在树干和主枝上涂白涂剂，防止成虫产卵。白涂剂用生石灰 10 份、硫黄 1 份、食盐 0.2 份、兽油 0.2 份、水 40 份配成。

（2）木蠹蛾类

①形态特征。木蠹蛾类蛀干害虫主要有小木蠹蛾、日本木蠹蛾等。成虫体灰白色，长 5~28 mm。触角黑色，丝状，胸部背面有 3 对蓝青色斑，翅灰白色，半透明。幼虫红褐色，头部淡褐色。一年发生 1~2 代，以幼虫形式在枝条内越冬。

②危害特点。木蠹蛾类蛀干害虫主要危害石榴、月季、樱花、山茶、木槿等树木。以幼虫蛀入茎部为害，造成枝条枯死、植株不能正常生长开花，或茎干蛀空而折断。

③防治方法。

a. 剪除受害嫩枝、枯枝，集中烧毁。

b. 用铁丝插入虫孔，钩出或刺死幼虫。

c. 孵化期喷施 40% 氧化乐果、80% 敌敌畏乳油 1 000 倍液或 50% 杀螟松乳油 1 000 倍液。

4. 地下害虫

地下害虫又称根部害虫，常危害幼苗、幼树根部或近地面部分，种类较多。常见的有鳞翅目的地老虎类、鞘翅目的（金龟子幼虫）类和金针虫（叩头虫幼虫）类、直翅目的蟋蟀类和蝼蛄类、双翅目的种蝇类等，以下介绍主要危害树木的金龟子类。金龟子有铜绿金龟子、白星金龟子、小青花金龟子、苹毛金龟子、东方金龟子、茶色金龟子等。

①形态特征。体卵圆或长椭圆形，鞘翅铜绿色、紫铜色、暗绿色或黑色等，多有光泽。金龟子一年发生 1 代，以幼虫在土壤内越冬。

②危害特点。地下害虫可危害樱花、梅花、桃花、木槿、月季、海棠等树木。成虫主要夜晚活动，有趋光性，危害部位多为叶片和花朵，严重时可将叶片和花朵吃光。

③防治方法。

c. 利用黑光灯诱杀成虫。

b. 利用成虫假死性，可于黄昏时人工捕杀成虫。

c. 喷施 40% 氧化乐果乳油 1 000 倍液，或 90% 敌百虫 800 倍液。

第七节　园林植物其他养护管理

园林植物能否生长良好，并尽快发挥其最佳的观赏效果或生态效益，不仅取决于工作人员是否做好土、水、肥管理，而且取决于能否根据自然环境和人为因素的影响，进行相应的其他养护管理，为不同年龄阶段和不同环境下的园林植物创造适宜的生长环境，使植物体长期维持较好的生长势。因此，为了让园林植物生长良好，充分展现其观赏特性，应根据其生长地的气候条件，做好各种自然灾害的防治工作，对受损植物进行必要的保护和修补，使之能够长久地保持花繁、叶茂、形美。同时管理过程中应制定养护管理的技术标准和操作规范，使养护管理做到科学化、规范化。

一、冻害

冻害主要指植物因受低温的伤害而使细胞和组织受伤，甚至死亡的现象。

1. 植物冻害发生的原因

影响植物冻害发生的原因很复杂。从植物本身来说，植物种类、株龄、生长势、当年枝条的长度及休眠与否都与该植物是否受冻有密切关系；从外界环境条件来说，气候、地形、水体、土壤、栽培管理等也可能与植物是否受冻有关。因此当植物发生冻害时，应从多方面分析，找出主要原因，提出有针对性的解决办法。

（1）抗冻性与植物种类的关系

不同的植物种类甚至不同的品种，其抗冻能力不一样，如樟子松比柏松抗冻，油松比马尾松抗冻，同是秋后的秋子梨比白梨和沙梨抗冻；又如原产长江流域的梅品种就比广东的黄梅抗寒。

（2）抗冻性与组织器官的关系

同一植物的不同器官，同一枝条的不同组织，对低温的忍耐能力不同。如新梢、根茎、花芽等抗寒能力较弱，叶芽形成层耐寒力强，而髓部抗寒力最弱。抗寒力弱的器官和组织，对低温特别敏感，因此这些组织和器官是防寒管理的重点。

（3）抗冻性与枝条成熟度的关系

枝条的成熟度越高，其抗冻能力越强。枝条充分成熟的标志主要是：木质化的程度高，含水量减少，细胞液浓度增加，积累淀粉多。在降温来临之前，如果还不能停止生长且未能进行抗寒锻炼的植株，容易遭受冻害。为此，在秋季管理时要注意适当控肥控水，让植物及时结束生长，促进枝条成熟，增强植株抗冻能力。

（4）抗冻性与枝条休眠的关系

冻害的发生与植物的休眠和抗寒锻炼有关，一般处在休眠状态的植株抗寒力强，植株休眠愈深，抗寒力愈强。植物体的抗寒能力是在秋天和初冬期间逐渐获得的，这个过程称为“抗寒锻炼”，一般植物要通过抗寒锻炼才能获得抗冻能力。到了春季，抗冻能力又逐渐趋于丧失，这一丧失过程称为“锻炼解除”。

植物春季解除休眠的早晚与冻害发生有密切关系。解除休眠早的，受早春低温威胁较大；休眠解除较晚的，可以避开早春低温的威胁。因此，冻害的发生往往不在绝对温度最低的休眠期，而常在秋末或春初时发生。

园林植物的越冬能力不仅表现在对低温的抵抗能力，还表现在休眠期和解除休眠期后，对综合环境条件的适应能力上。

（5）冻害与低温来临时状况的关系

当低温来得早又突然，而植物体本身未经抗寒锻炼，管理者也没有采取防寒措施时，就很容易发生冻害。每日极端最低温度越低，植物受冻害的程度就越高；低温持续的时间越长，植物受害越大；降温速度越快，植物受害就越重。此外，植物受低温影响后，如果温度急剧回升，则比缓慢回升受害严重。

（6）引起冻害发生的其他因素

除以上因素外，地势、坡向、植物离水源的远近、栽培管理水平都会影响植物是否受冻或受冻害的程度。

2. 园林植物冻害的表现

园林植物在遭受冻害后，不同的组织和器官往往有不同的表现，这是生产管理中判断植物是否受冻害以及受冻害轻重的重要依据。

（1）花芽

花芽是植物体上抗寒力较弱的器官，花芽冻害多发生在春季回暖时期，腋花芽较顶花芽的抗寒力强。花芽受冻后，内部褐变，初期从表面上只看到芽鳞松散，不易鉴别，到后期则芽不萌发，干缩枯死。

（2）枝条

枝条的冻害与其成熟度有关。成熟的枝条，在休眠期后形成层最抗寒，皮层次之，而木质部、髓部最不抗寒。受冻时，髓部、木质部先后变色，严重受冻时韧皮部才受伤，如果形成层受冻变色则枝条就失去了恢复能力，但在生长期则以形成层抗寒力最差。

幼树在秋季因雨水过多徒长，停止生长较晚，枝条生长不充实，易加重冻害。特别是成熟不良的先端对严寒敏感，常首先发生冻害，轻者髓部变色，较重时枝条脱水干缩，严重时枝条可能冻死。

多年生枝条发生冻害，常表现为树皮局部冻伤，受冻部分最初稍变色下陷，不易发现，如果用刀挑开，可发现皮部已褐变；以后逐渐干枯死亡，皮部裂开和脱落。但是如果形成层未受冻，则可逐渐恢复。

（3）枝杈和基角

枝杈或主枝基角部分进入休眠较晚，位置比较隐蔽，输导组织发育不好，通过抗寒锻炼较迟，因此遇到低温或昼夜温差变化较大时，易引起冻害。树杈冻害有多种表现：有的受冻后皮层褐变，而后干枝凹陷；有的树皮呈块状冻坏；有的顺主干垂直冻裂形成劈枝。主枝与树干的基角越小枝杈基角冻害就越严重。这些表现随冻害的程度和树种、品种而有所不同。

（4）主干

主干受冻后有的形成纵裂，一般称为“冻裂”现象，树皮成块状脱离木质部。一般生长过旺的幼树主干易受冻害，这些伤口极易发生腐烂病。

形成冻裂的主要原因是由于气温突然急剧下降到 0 ℃以下，树皮迅速冷却收缩，致使主干组织内外张力不均，导致自外向内开裂或树皮脱离木质部。树干“冻裂”常发生在夜间，随着气温的变暖，冻裂处又可逐渐愈合。

（5）根茎和根系

在一年中根茎停止生长最迟，进入休眠期最晚，而解除休眠和开始活动又较早，因此在温度骤然下降的情况下，根茎未能很好地通过抗寒锻炼，同时近地表处温度变化又剧烈，因而容易引起根茎的冻害。根茎受冻后，树皮先变色，后干枯，可发生在局部，也可能呈环状。根茎冻害对植株危害很大，严重时会导致整株死亡。

根系无休眠期，因此根系较其地上部分耐寒力差。但根系在越冬时活动力会明显减弱，故其耐寒力较生长期略强一些。根系受冻后表现为褐变，皮部易与木质部分离。一般粗根比细根耐寒力强，近地面的粗根由于地温低，较下层根系易受冻；新栽的植株或幼龄植株因根系细小而分布又浅，易受冻害，而大树则抗寒力相当强。

3. 园林植物冻害的防治

我国气候类型比较复杂，园林植物种类繁多，分布范围广，而且常有寒流侵袭，因此，经常会发生冻害。冻害对园林植物威胁很大，轻者冻死部分枝干，严重时会将整棵大树冻死。植物局部受冻以后，常常引起溃疡性寄生菌寄生带来的病害，使生长势大大衰弱，从而造成这类病害和冻害的恶性循环。有些植物虽然抗寒力较强，但花期容易受冻害，影响观赏效果。因此，预防冻害对园林植物正常功能的发挥及通过引种丰富园林植物的种类具有重要的意义。为了做好园林植物冻害的预防工作，在园林的生产与管理中需要注意以下几个方面。

（1）在园林绿地植物配置时，应该因地制宜，多用乡土植物

在园林绿地建设中，因地制宜地种植抗寒力强的乡土植物，在小气候条件比较好的地方种植边缘树种，这样可以大大减少越冬防寒的工作量，同时注意栽植防护林和设置风障，改善小气候条件，预防和减轻冻害。

（2）加强栽培管理，提高抗寒性

加强栽培管理（尤其重视后期管理）有助于植物体内营养物质的储备，

提高植物抗寒能力。在生产管理过程中，春季应加强肥水供应，合理应用排灌和施肥技术，促进新梢生长和叶片增大，提高光合效能，增加植物体内营养物质的积累，保证植株健壮，管理后期要及时控制灌水和排涝，适量施用磷、钾肥，勤锄深耕，促使枝条及早结束生长，有利于组织生长，延长营养物质的积累时间，从而能更好地进行抗寒锻炼。

此外，在管理过程中结合一些其他管理措施也可以提高植株的抗寒能力，如夏季适期摘心，促进枝条及早成熟；冬季修剪，减少冬季蒸发面积；人工落叶等。同时，在整个生长期必须加强对病虫害的防治，减少病虫害的发生，保证植株健壮也是提高植株抗寒能力的重要措施。

（3）加强植物体保护，减少冻害

对植物体保护的方法很多，一般的植物种类可用浇“封冻水”防寒。为了保护容易受凉的种类，可采用一些其他防寒措施，如全株培土、根茎培土（高 30~50 cm）、箍树、枝干涂白、主干包草、搭风障、北面培月牙形土埂等；对一些低矮的植物，还可以用搭棚、盖草帘等方法防寒。以上的防治措施应在冬季低温来临之前完成，以免低温突袭造成冻害。在特别寒冷的干旱地区，也可以在植物的周围堆雪以保持温度恒定，避免寒潮引起大幅降温而使植株受冻，早春也可起到增湿保墒作用。

（4）加强受冻植株的养护管理，促其尽快恢复生长势

植物受冻后根系的吸收、输导，叶的蒸腾、光合作用以及梢株的生长等均遭到破坏，因此受冻后植物的护理对其后期的恢复极为重要。为此，植物受冻后应尽快采取措施，恢复其输导系统、治愈伤口、缓和缺水现象、促进休眠芽萌发和叶片迅速增大。受冻后再恢复生长的植物常表现出生长不良，因此首先要对这部分植株加强管理，保证前期的水肥供应，亦可以

早期追肥和根外追肥，补给养分。

受冻植株要适当晚剪和轻剪，让其有充足的时间恢复。对明显受冻枯死部分要及时剪除，以利于伤口愈合；对于受冻不明显的部位不要急于修剪，待春天发芽后再做决定。受冻造成的伤口要及时治疗，应喷白或涂白预防日灼，并做好防治病虫害和保叶工作。对根茎受冻的植株要及时嫁接或根接，以免植株死亡。树皮受冻后成块脱离木质部的要用钉子钉住或进行嫁接补救。

以上措施只是植物受冻后的一些补救措施，并不能从根本上解决园林植物受冻问题。最根本的办法是加强引种驯化和育种工作，选育优良的抗寒园林植物种类。

二、霜害

1. 霜害的形成原因及危害特点

在生长季节里由于急剧降温，水汽凝结成霜使梢体幼嫩部分受冻，称为霜害。我国除台湾与海南岛的部分地区外，由于冬春季寒潮的侵袭，均会出现 0 ℃以下的低温。在早秋及晚春寒潮入侵时，常使气温急剧下降，形成霜害。一般纬度越高，无霜期越短；在同一纬度上，我国西部无霜期较东部短。另外小地形与无霜期有密切关系，一般坡地较洼地、南坡较北坡、靠近大水面的较无大水面的地区无霜期长，受霜冻威胁较轻。

在我国北方地区，晚霜较早霜具有更大的危害性。因为从萌芽至开花期，植物的抗寒能力越来越弱，甚至极短暂的 0 ℃以下的温度也会给幼微组织带来致命的伤害。在这一时期，霜冻来得越快，则植物越容易受害，且受害越重。春季萌芽越早的植物，受霜冻的威胁也越大，如北方的杏树开花比较早，最易遭受霜害。

霜冻会严重影响园林植物的正常生长和观赏效果，轻则生长势减弱，重者会全株死亡。早春萌芽时受霜冻后，嫩芽和嫩枝会褐变，鳞片松散而干枯在枝上。花期受霜冻，由于雌蕊最不耐寒，轻者将雌蕊和花托冻死，但花朵能正常开放;重者会将雄蕊冻死，花瓣受冻变枯、脱落。幼果受霜冻，轻则幼胚褐变，果实仍保持绿色，以后逐渐脱落；重则全果褐变，很快脱落。

2. 防霜措施

针对霜冻形成的原因和危害特点采取的防霜措施应着重考虑以下几个方面：增加或保持植物周围的热量，促使上下层空气对流，避免冷空气积聚，推迟植物的萌动期，以增强对霜冻的抵抗力等。具体内容如下。

（1）推迟萌动期，避免霜害

利用药剂和激素或其他方法使园林植物推迟萌动（延长植株的休眠期），因为推迟萌动和延迟开花，可以躲避早春“田春寒”的霜冻。例如:乙烯利、青鲜素、萘乙酸钾盐水（250~500 mg/kg）在萌芽前后至开花前灌洒植株上，可以抑制萌动；在早春多次灌返浆水或多次喷水降低地温，如在萌芽前后至开花前灌水 2~3 次，一般可延迟开花 2~3 天；在管理上也可结合病虫害的防治用涂白减少植株对太阳热能的吸收，使温度升高较慢，此法可延迟发芽开花 2~3 天，能防止植株遭受早春的霜冻。

（2）改变小气候条件以防霜冻

在早春，园林植物萌芽、开花期间，根据气象台的霜冻预报及时采取防护措施，可以有效保护园林植物免受霜冻或减轻霜冻。

（3）根外追肥

为了提高园林植物抗霜冻的能力，也可以在早春植物萌动前后，用合适的肥料溶液喷洒枝干，进行根外追肥。因为根外追肥能提高细胞浓度，提高抗霜冻能力，效果很好。

（4）霜后的管理工作

在霜冻发生后，人们往往忽视植物受冻后的管理工作，这是不对的。因为霜后如果采取积极的管理措施，可以减轻危害，特别是对一些花灌木和果树类，如及时采取叶面喷肥以恢复树势等措施，可以减少因霜害造成的损失，夺回部分产量。

三、风害

在多风地区，园林植物常发生风害，出现偏冠和偏心现象。偏冠会给园林植物的整形修剪带来困难，影响其功能的发挥；偏心的植物易遭受冻害和日灼，影响其正常发育。我国北方冬春季节多大风天气，又干旱少雨，此时的大风易使植物损失过多的水分，造成枝条干梢或枯死，又称“抽梢”现象。春季的旱风，常将新梢嫩叶吹焦，花瓣吹落，缩短花期，不利于授粉受精。夏秋季我国东南沿海地区的园林植物又常遭受台风袭击，常使枝叶折损，大枝折断，甚至整株吹倒，尤其是阵发性大风，对高大植物的破坏性更大。

尽管由于诸多因素会导致园林植物风害的发生，但是通过适当的栽培与管理措施，风害也是可以预防和减轻的。

1. 栽培管理措施

在种植设计时要注意在风口、风道等易遭风害的地方选择抗风种类和品种，并适当密植，修剪时采用低干矮冠整形。此外，要根据当地特点，设置防护林降低风速，减少风害损失。在生产管理过程中，应根据当地实际情况采取相应防风措施，如排除积水，改良栽植地的土壤质地，培育健壮苗木，采取大穴换土、适当深植等方法使根系往深处延伸。合理修剪控制树形，定植后及时设立支柱，对结果多的植株要及早吊枝或顶枝，对幼树和名贵树种设置风障等，可有效减少风害。

2. 加强对受害植株的维护管理

对于遭受过大风危害、折枝、伤害树冠或被刮倒的植物，要根据受害情况及时进行维护。对被刮倒的植物要及时顺势培土、扶正，修剪部分或大部分枝条，并立支杆，以防再次吹倒。对裂枝要顶起吊枝，捆紧基部创面，或涂激素药膏促其愈合。加强肥水管理，促进树势的恢复。对难以补救或没有补救价值的植株应淘汰掉，秋后或早春重新换植新植株。

四、雪害（冰挂）

积雪本身对园林植物一般无害，但常常会因为植物体上积雪过多而压裂或压断枝干。许多园林树木，如国槐、悬铃木、柳树、杨树等均会受到不同程度的伤害，造成重大经济损失。同时因融雪期气温不稳定，积雪时融时冻，冷却不均也易引起雪害。因此在多雪地区，应在大雪来临前对植物主枝设立支柱，枝叶过密的还应进行疏剪；在雪后应及时将被雪压倒的枝株或枝干扶正，振落积雪或采用其他有效措施防止雪害。

参考文献

[1] 姜宁 . 园林绿化工程 [M]. 北京：中国建材工业出版社，2014.

[2] 苗峰 . 园林绿化工程 [M]. 北京：中国建材工业出版社，2013.

[3] 杨嘉玲，徐梅 . 园林绿化工程计量与计价 [M]. 成都：西南交通大学出版社，2016.

[4] 柳青 . 园林绿化工程造价员工作笔记 [M]. 北京：机械工业出版社，2017.

[5] 常庆禄 . 园林绿化工程计价 [M]. 徐州：中国矿业大学出版社，2011.

[6] 张建平 . 园林绿化工程计量与计价 [M]. 重庆：重庆大学出版社，2015.

[7] 徐梅，杨嘉玲 . 园林绿化工程预算课程设计指南 [M]. 成都：西南交通大学出版社，2018.

[8] 袁惠燕，谢兰曼，应喆 . 园林绿化工程工程量清单计价与实例 [M]. 苏州：苏州大学出版社，2017.

[9] 杜贵成 . 园林绿化工程计价应用与实例 [M]. 北京：金盾出版社，2015.

[10] 张蓬蓬 . 做最好的园林绿化工程施工员 [M]. 北京：中国建材工业出版社，2014.

[11] 江文，张琦 . 怎样当好园林绿化工程造价员 [M]. 北京：中国建材工业出版社，2014.